パチスロ馬鹿が動画配信を始めたら再生回数が1億回を超えました

てつ
ユーチューバー／
1GAME代表

はじめに

好きなことで、生きていく。

一時期、テレビで流れたＹｏｕＴｕｂｅのＣＭですが、これを見た時に僕が思ったことは「ユーチューバーで食っていくとか、脳内お花畑かよ」でした。仕事をして収入を得るためには会社に勤めたり、会社を経営したり、とにかく「普通に働く」ことが常識で、芸人やアイドル、ミュージシャンのような芸能人たちも「芸能事務所に所属して働く」もの。好きなことだけやって生きていくなんて、夢物語だと思っていました。

そんな僕が、今ではＹｏｕＴｕｂｅ関連のお仕事だけで年間１億円以上を売り上げています。本業ではないので厳密に言えば「仕事」ではなく「遊び」なのですが、稼いでいる金額が非常に多いため、一応は「仕事」ということにさせてください。

今では毎日、好きなことで生きています。

ＹｏｕＴｕｂｅのＣＭを馬鹿にしていた頃のことは、本書の冒頭をどう書き出すか悩むまで、完全に忘れていました。

僕の「好きなこと」はパチンコ、パチスロです。

そうですね。趣味を聞かれた時に正直に答えたら、世間一般的には即座にダメ人間の烙《らく》印《いん》を押されるやつです。否定はしません。

ただ、**そんなダメ人間が好きなことで生きていることは事実です。**

本書を手に取ってくださった方々の中にも、昔の僕と同じように「遊びが仕事になるワケがないだろう」と思っている方はとても多いと思います。

そういう人にこそ読んでいただきたい。

現在はインターネットの普及によって、あらゆる情報が簡単に得られるようになっただけでなく、あらゆる情報を誰でも簡単に「発信」できる時代になりました。

どんなに無趣味な人でも、ひとつくらいは好きなことや得意なことがあると思います。映画を観ること。テレビを観ること。ゲームをすること。漫画を読むこと。釣りをすること。車を運転すること。料理を作ること。パチンコを打つこと。

「爪の伸びるスピードを日記に記録する」ような、飛び抜けて特殊な趣味でない限り、必ず誰かしら共感してくれますし、共感してくれるものは何でもコンテンツ化が可能です。

そして、そのコンテンツはすべて収益化が可能です。そういう時代です。

本書では、趣味としては最低の部類とされるようなパチンコやパチスロを、本業の傍《かたわ》らで遊びながら情報発信し、収益化に結び付けた経験を具体例として挙げます。

文章媒体ではブロガーとしてトップを取り、動画媒体ではユーチューバーとして億単位の再生数を獲得できたこと。

その過程で僕がどういう戦略を練り、どういうことを考え、どういう壁にぶつかり、どう対処してきたか。

これから本格的な情報発信に挑戦しようと考えている方だけでなく、挑戦はしたけど思ったようにいかなかった方の再起に役立つ情報を提供できればと思います。

好きなことで生きていくことは、可能ですが簡単ではありません。

やり方は人それぞれかと思いますが、とりあえずは「上手くいった人」の「ひとつの例」として、参考にしていただければ幸いです。

恐らく、僕がこういう話をするのは最初で最後になると思います。そして本書だけです。

ブロガーとして、ユーチューバーとして。**他人に教えたくても、教えてしまうとライバルが増えて自分が不利になるから教えなかったことを、本書では暴露します。**

壮大なネタばらしです。「王様の耳はロバの耳」と叫ぶ気分で書いています。

最後に簡単な自己紹介をさせていただきますが、僕は『**1GAME（ワンゲーム）**』というパチンコ、パチスロファンサークルの代表を務める**「てつ」**と申します。ブログの執筆活動やパチンコホールでのコスプレイベント運営を経て、現在はＹｏｕＴｕｂｅでの動画配信を主な活動の場としています。

ブロガーとして『パチスロバカ一代』を執筆していた頃の月間ＰＶ（ページ・ビュー）は、平均で１００万オーバー。

『１ＧＡＭＥ ＴＶ』と名付けたＹｏｕＴｕｂｅチャンネルは、チャンネル登録者数が40万人を突破し、総再生数は1億再生オーバー（２０１９年2月27日現在）。

その中で僕は、ジョーカーメイクで、釘バットを振り回しています。

いつもは**「1GAMEのてつ」**というキャラクター設定があるため、乱暴な口調で横柄《おうへい》な態度を取っていますが、本書は**「1GAMEのてつの中の人」**という、キャラクター設定一切抜き。30代後半のオッサンで2児の父という、完全なる素の自分で書いています。

すでに僕を知っている人でも、初めて知ることだらけでしょう。

本書を手に取っていただいたすべての方が、自分が好きなことを好きなだけ楽しみ、好きなように生きていくためのヒントを得られることを、心から願っております。

パチスロ馬鹿が
動画配信を始めたら
再生回数が
1億回を超えました

目次

「やりたいこと」をやるためにYouTubeへ参入してみた

登録者数を増やしたければ、アンチの数も増やせ！

【第2章】心構えの巻　043

[第3章] お金の使い方の巻 093

制作費や宣伝費に大切なお金を使うことなかれ!

好きなことを続けるために「影響力」を持つ存在になれ！

【第4章】悩み解決の巻　139

YouTubeのその先には無限の可能性が広がっている！

自分の好きなことで金を稼げ!

本書に記載された数字データは２０１９年2月27日現在のものです。

第1章　自 己 紹 介 の 巻

「やりたいこと」を やるために YouTubeへ 参入してみた

1GAMEの結成と「てつ」の加入

僕は『1GAME』という集団のボスを務めています。

「ボス」「キング」「代表」「リーダー」といろいろな呼ばれ方をしますし、僕もその都度ノリで名乗り方を変えているのですが、呼び方がバラバラな理由は1GAMEが会社法人ではないため「社長」という呼び方が不適切だからです。

1GAMEとは、パチンコ・パチスロ愛好家が集まったサークルです。

2012年に結成した「らしい」です。

「らしい」と他人事のように言うのは、僕が1GAMEに加入したのは2013年だから。現在では代表者を務めていますが、実はスターティングメンバーではなく、途中加入した人間なのです。サークルが設立された経緯については細かく知りません。

ある日、パチスロ仲間が集まって「俺たちで『何か』やろうぜ」的なノリで結成されたと聞いています。結成初日は20人だか30人だかいたそうです。

そして、その「何か」が決まらないままメンバーは次々と脱退していき、2013年を迎えたそうです。「そうです」ばかりで申し訳ありません。

何しろ僕、いませんでしたから。

そうして残ったメンバーは、現在も共に活動している「ヨースケ」「AKKY《アッキー》」「ごんざ」の3名と、現在は脱退している……Y君としましょうか。その4名となりました。

2013年某日、そのY君から電話がかかってきました。

Y君は僕の学生時代の友人で、一緒にパチスロを打ちに行くような仲でしたが、卒業後は特に連絡を取り合うこともなく、恐らく10年ぶりの電話だったと思います。

電話の内容は次のようなものでした。

Y「久しぶり。元気?」

僕「超久しぶりだな。元気だし結婚もしたし子供もできたぞ。どうした?」

Y「いや、ちょっと聞きたいんだけどさ、お前ってパチスロメーカーに就職したよね?
その仕事ってまだ続けてるの?」

僕「とっくの昔に辞めたし、今は全然違う仕事してるけど、何で?」

Y「ああ、そっかあ……じゃあもう今はパチスロとかやってないの?」

僕「仕事帰りとか休みの日とかにたまに打つかな。久しぶりに連れ打ちするか？」
Ｙ「いや、そういうんじゃないんだ。実は今さ、１ＧＡＭＥっていうサークルやってて、パチスロ関係のアプリとかＷＥＢサイト作ってるんだけど、お前メーカーにいたからいろいろと詳しいじゃん？　だからちょっと勧誘？　っていうか、単刀直入に言うとコラム書かない？」
僕「パチスロ関係のコラムってこと？　別にいいけど、ギャラは？」
Ｙ「ない」
僕「タダ働きとか馬鹿かよ」
Ｙ「とにかく一度、会って話を聞いてくれるだけでもいいから」

タダ働きがゴキブリの次くらいに嫌いな僕ですが、旧友に「とにかく会って話だけでも聞いてほしい」と頼まれて断るほど非情でもありません。

後日、直接会って話を聞きました。

聞いた話を要約すると、次の通りです。

・パチスロ好きが集まり、何かをやろうとしている
・WEBサイトを立ち上げたのは良いが、何をするかは決まっていない
・メンバー4名中3名がプログラマーなので、アンドロイドアプリを作っている
・WEBサイトのコラムを充実させたいので、コラム執筆を依頼したい（タダで）

「電話の時からたいして情報量が増えていないではないか」というツッコミは置いておいて、当時息子が生まれたばかりで外で遊ぶことが少なくなり、趣味が「読書」や「筋トレ」のような「ひとりで完結するもの」ばかりになっていた30代の僕は、「集団で何かをする」ということに対して少しだけ魅力を感じました。

「要は学生時代のノリで集まって遊ぶ集まりなのだな?」と確認したら、「いずれはビジネス化も考えている」という寝言が返ってきましたが、こんなフワフワしたサークルがビジネス化などできるワケがないので、聞かなかったことにしました。

その後、3人のメンバーを紹介され、とりあえず育児優先で月に1本くらいならコラムを提供すると約束し、正式に1GAMEメンバーの一員となったのです。

以上が1GAMEと僕の出会いですが、今考えてもいい加減なものですね。

ゲームセンターで生放送してみた

１ＧＡＭＥ加入後は、不定期コラムを提供する傍ら、映画や小説レビューのために趣味の一環で執筆していた個人ブログを『パチスロバカ一代』と改名し、パチスロ専門ブログを書き始めました。

特に深い意味があったワケではなく、どうせパチスロサークルに参加しているのなら、パチスロに関係するブログを書いたほうが得だろうと考えたためです。

ブログ執筆と並行して、月に数回、メンバーと集まってコラムのテーマや今後の活動について、あれやこれや話し合うお茶会を開いていましたが、特に何が決まるということもなく、ただダラダラと時間だけが過ぎていきました。

そんなお茶会を繰り返す中で、よく話題に出たのが**「動画」**と**「生放送」**でした。

たしかＹｏｕＴｕｂｅやニコニコ動画の無料番組についての好みを話し合っていた時だと記憶しているのですが、その話題の流れで**「自分たちも動画や生放送やってみないか？」**という話になったのです。

しかし、何をどうすれば良いのかわかりません。

パチンコ店にコネなどありませんし、動画編集の技術もありません。生放送に使うミキサー程度の機材はメンバーが個人的に所有していましたが、実際にパチンコ店で収録や放送をするためにどういう手順を踏めばいいのか一切不明。

「考えるより行動したほうが早い」

これがモットーの僕は、翌日から仕事帰りに飛び込み営業を開始しました。営業と言っても「店内の撮影許可をください」というだけのものです。

しかし、これが想像したより遥かに難しいものでした。

どこの馬の骨ともわからない人間が、突然「撮影させてください」と訪ねてくるのです。今思えば当たり前の話ですが、まともに取り合ってくれるパチンコ店などありません。当時はまだパチンコ・パチスロ系ユーチューバー的な存在が今ほど多くなく、ほとんどが大手雑誌媒体のような「会社」によるもの。

「どこの媒体さん？」

「いや、どこの媒体でもないのですが……」

この時点で完全に門前払いです。

何軒も何十軒も回りましたが、取り合ってくれるお店はありませんでした。適当にあしらわれるならまだしも、「今忙しいから明日の○時に来てよ」と言われ、約束の時間に訪問したら「やっぱり面倒だから帰って」と振り回されることも多々ありました。

最初は軽いノリで１ＧＡＭＥに加入した僕ですが、なぜかこの頃には妙にやる気になっていて、「こうなったら撮影できるまでやってやる」と、気付いたら意地になっていました。

根っからの負けず嫌いな性格に、火が点《つ》いたのだと思います。

タダ働きは嫌いですが、**やりたいことができないのはもっと嫌いなのです**。

そしてそんなある日、インターネットを徘徊《はいかい》していたらついに「パチスロ生主さん（生放送をする人）募集」と書かれたホームページを見つけました。

ただ、それはゲームセンターでした。

現在は閉店していますが、神奈川にあったパチスロ専門ゲームセンター『オオネ』さんです。当然、古い台が多く、普通のパチンコ店とはラインナップが異なります。

しかし「パチスロ機を放送できる」ということに変わりはありません。さっそく問い合わせ、生放送の段取りを整えました。

今思えば、恐らくこれが１ＧＡＭＥとして本当の意味での第一歩だったのだと思います。

現在も当時の映像が残っていますが、1GAMEが初めてインターネットに「映像」を投稿した記念すべき日でした。

プラットフォームはニコニコ生放送。

タレント役は僕。

実践機種は4号機の『アステカ』。

生放送は6時間という長時間放送。

そして来場者数は60人。

6時間ぶっ通しの放送で60人です。しかもこの60人はトータルの来場者数なので、放送中の視聴者は常に4人〜5人程度。

ほとんど空中に向かって喋り続ける生放送。

コメントもまばら。

過疎中の過疎。

これが、現在では40万人を超えるチャンネル登録者を抱え、総再生数は1億再生を突破。パチンコ・パチスロ系チャンネルの最多記録「620万再生」の動画を保有する、1GAMEのデビュー戦でした。良い思い出です。いや、悪い思い出かもしれませんね。

ついに決まった真のコンセプト

初回の生放送が、果たして成功なのか失敗なのかよくわからないまま、また時間だけが過ぎていきました。2か月に1回程度の頻度で生放送をしていましたが、古いパチスロ機を不定期で配信するだけの放送に人は集まりません。

なんせ、当時のメンバー5人の内、4人が会社員のオッサンです(残る1名はパチプロ)。打ち合わせのために時間を合わせるだけでもひと苦労。特に僕は上の子が生まれたばかりで、趣味のサークルよりも育児が優先でした。

放送許可をくれるゲームセンターまでは片道2時間半。往復5時間で放送時間が6時間となると、休日を朝から晩まで丸ごと潰すことになります。しかもこれが収入に繋がるビジネスではなく趣味の集まりとなれば、手応えのない生放送が面倒になってくるのは自然な流れです。

そして、こういった状況をどうにかしようという気も特にありませんでした。そもそも、目的がないのです。

当時はまだ僕がリーダーではなかったので、とにかく「呼ばれたら都合を合わせる」という程度のお遊び参加。活動自体は楽しかったので辞めるという発想はありませんでしたが、「どげんかせんといかん」というほどのやる気もありませんでした。

そんなある日のこと。打ち合わせ中に「そういえば1GAMEっていったい何なの？」という話題になりました。

設立時から「ユーザー視点でパチスロ業界を盛り上げる」的なコンセプトがありましたが、そんなフワフワしたものは「コンセプト」とは呼べません。現に当時の僕たちは、先々どうしていくかもまったく決めておらず、惰性《だせい》で集まっているような状態でした。

その時、誰かが何となく言った**「遊技人口回復を目的とする集団ってどう？」**というセリフが僕の中の何かに刺さったことを記憶しています。

だいぶ前のことなので、誰が言ったのか定かではありませんし、もしかしたら僕が自分で言ったのかもしれません。

当時、僕はパチスロ業界に強い不満を抱いていました。似たような新台が次々と高額で発売され、設定（出玉）状況は悪化していくばかり。ガセイベントが横行し、勝つためにはハイエナ行為で人の落とした期待値を拾わなければならない。

僕が学生時代に好きだったパチスロ業界とは、まったくの別物になっていました。

ひとことで言うと「つまらなくなった」。

昔に比べて新台導入の頻度が上がり、学生時代にワクワクさせられた新台導入とは丸で別モノ。アニメタイアップで見た目だけを入れ替えたような新台が次々と出てくるだけで、ちっともワクワクしない。

しかし、新台というだけで飛びつくプレイヤーを一時的に集めるために、パチンコ店は新台導入をやめられない。演出デバイス（内部装置や周辺機器）が進歩したせいで、新台は高額です。その高額な新台を毎週のように買い続けなければ、ライバル店に負ける。

新台導入の予算をペイするためには、台を育てる前に機械代を回収しなければならない。出ない。

出なければパチスロはさらにつまらない。

どうしてこうなったのか。何が原因なのだろうかと考えましたが、これは時代の流れや規制。ほかにもいろいろな要因があるので限定できません。ただ、唯一間違いないと言えるのは「人が増えれば良くなるだろう」ということでした。

プレイヤーが増えれば、パチンコ店の売上が増える。

売上が増えれば、無理に新台を購入する必要がなくなる。

新台に費やす費用が少なくなれば、薄利多売営業が可能となる。

薄利多売営業で還元率が上がれば、プレイヤーは新台を必要としなくなる。

新台が売りにくくなれば、遊技機メーカーは売るための努力をするようになる。

メーカーが努力すれば、アニメに頼らない面白い台が生まれる。


この流れが頭に浮かんだのです。

そうか、僕が好きだったパチスロを取り戻すためには、プレイヤーを増やせば良いのだ。

こうして1GAMEの真のコンセプトが決まりました。


「遊技人口回復」


具体的にどうするかまでは決まりませんでしたが、少なくとも目的は見えました。目的が見えれば、後は考えて実行するだけです。そしてこの頃、すでにメンバー内の仕切り屋と化していた僕は、優先するべきことを勝手に決めて、勝手に実行し始めました。

僕が優先するべきと考えたのは**「売名」**です。

ブログで暴れたらトップブロガーに

売名すると決めたら、のんびりブログを更新して地道に読者を増やすというような、呑気《のんき》なことはしていられません。一気に読者を増やそうと考えました。

「読者」と限定して「視聴者」と言わないのは、この頃はまだ「動画で売名する」という発想がなかったからです。手持ちの武器は何だろうと考えた時、すぐそばにあったのがブログで、文章を書くのは場所も時間も関係ないと思ったからです。

それまでは日々感じたことや思ったことを、何の考えもなしに書き殴っていただけでしたが、とにかく「ＰＶを稼ごう！」という方向に頭を切り替えました。

そこで見つけたのがブログランキングです。

ブログのポータルサイト的なものですが、何やらここで上位になるとＰＶが飛躍的に伸びるらしいとの噂。さっそく「スロットブログ」のジャンルに登録し、上位のブログがどういう記事を書いているのか徹底的に分析し始めました。

結論だけ言うと「半年で１位が取れるな」と思いました。

1位～20位のブログの内、ほとんどが日々の出来事をアニメ画像でデフォルメしながら書き連ねているだけで、人気の秘訣は横の繋がりを重視する「ムラ社会」の恩恵。読者との交流を重視しながら独自ルールを作り、上位は不動の顔ぶれが占領。ルールに縛られた閉塞的な環境下ということは、**そのルールを破れば勝てるということです。**

まず手始めにブログの更新頻度を上げ、ブログランキングの利用者が好みそうなストーリー仕立ての記事を書き始めました。どういう記事がウケるかという分析は済んでいたので、後はそのテンプレート（文書のひな形）に元メーカー開発である利点を活かした小ネタを挟み、利用者の年齢層（30代～40代）に合わせたギャグを乗せるだけ。

「何を書きたいか」ではなく「何を書いたらウケるか」だけを考え、更新を続けました。すると、1か月もしない内にランキング10位に上昇。PVも跳ね上がりました。

しかし、ここから先が強い。相手は不動の上位陣。ファンに囲まれたムラ社会。正攻法で戦っては勝ち目がありません。

ここで掟破りのルール違反を発動しました。

ブログランキングの順位付けは、自分のブログからランキングサイトにどれだけアクセスを「返したか」で決まるというシステムです。つまり、ランキングサイトへのリンクをクリックしてもらえばクリックしてもらうほど、順位が上がるということです。

「面白かったらリンクをクリックしてください」という、Ｔｗｉｔｔｅｒやｆａｃｅｂｏｏｋで言うところの「いいね」ボタンでランキングを上げる方法を採る人が大半。むしろ登録者は全員そうしていましたが、サイトポリシーを読み込んだところ、抜け道があったのです。

「ダメだと書いていないことはやって良い」という解釈は、我ながらいかにも元パチスロ開発者らしい発想だと思いますが、とにかく抜け道を使ってクリックを稼いだのです。

その結果、あっという間に1位になりました。

所要期間は約2か月。予定より4か月も早い目標達成です。

そして、これには想定したとおりの猛反発がありました。上位ブロガーと、そのファンからの猛攻撃です。ムラ社会がゆえの「掟破りは許さない」といったところでしょうか。

しかし、**僕が最も欲しかったのはこの「反発」なのです。**

注目が集まったところで、他のブロガーを煽りに煽り、アンチコメントには暴言で返し、全力で嫌われ者に徹したのです。暴れに暴れました。

「嫌われ者になるとＰＶが落ちるのではないか？」

という声が聞こえてきそうですが、そうではないのです。平穏だった環境に突如として「刺激」が放り込まれると、人は野次馬と化します。そして、僕のコンテンツは抜け道だけを使った張りぼてではありません。むしろ人一倍、内容を充実させたのです。「不定期更新」を「毎日更新」に切り替え、コメントには返信を欠かさず、読者には誠意をもって応えました。

表現だけを過激にし、内容は正論であり続けることを心掛ける。自分の記事を毎日書き続けるだけでなく、ほかのブロガーに喧嘩を吹っ掛けて騒ぎを起こすことも忘れない。そうこうしている間にPVは増え続け、ついには月間100万PVを達成しました。

そしてこの「ブログランキング1位」は、この後、YouTubeへの動画投稿を始めて記事の更新が止まるまで、2年間不動のものとなります。

今だから言えることをひとつ。当時はほかのブロガーを煽るために「15分もかからない手抜き記事を書いているだけの俺に勝てないのか」と豪語していましたが、実際は睡眠時間を削りに削っていました。仕事から帰り、子供を寝かしつけた後で、朝までかかって記事の更新を続けていました。15分で書けるワケがありません。

文字どおり、死ぬ気で売名したのです。

コスプレで生放送してみた

ブログの執筆で売名を続ける傍ら、ゲームセンターでの生放送も細々と続けていました。

ただ、文章媒体の「読者」と映像媒体の「視聴者」では相性が悪いのか、真っ昼間の時間帯に放送していたせいなのか、原因は定かではありませんが、来場者数はまったく伸びません。6時間放送して、せいぜい数百人程度でしょうか。

そんな人気のない生放送の帰り道、1GAMEの運命を変える出来事……とまではいきませんが、そのキッカケとなる出来事があったのです。

ホームで電車を待ちながら、どうすれば視聴者が増えるのか議論していた時、メンバーのAKKYが「コスプレで生放送とかやってみます？」と冗談を言ったのです。

みんな笑いました。

しかし、ひとりだけ笑っていなかった人間がいました。ヨースケです。

そのヨースケが、ボソっと呟いたのです。

「俺、若い頃、ガチのコスプレイヤーだったんだ……」

全員が初耳でした。

「なぜ、今の今まで黙っていたのか」という疑問については、当時から5年近くが経過した2019年現在も謎のままですが、とにかくヨースケのカミングアウトにより、思いがけず天からネタが降ってきたのです。

「ウケるかどうかはわからないけど、やるだけやってみよう」

ヨースケが『バジリスク』という、パチンコやパチスロにもなった作品の「薬師寺天膳」というキャラクターが好きだということで、コスプレ内容は天膳に決まり、放送はAKKYの自宅で行うことに決まりました。

ウケるかどうか一切不明な生放送に予算は使えないため、パチスロ機はメンバーが個人的に所有していた『アイムジャグラー』。

こうして、今では「1GAMEのひとつのターニングポイント」であると言われる「天膳様がジャグラーを打ってみた」という生放送が決行されたのです。

内容は、クオリティが微妙な「薬師寺天膳」のコスプレをしたオッサンが、淡々とジャグラーを打ちながら雑談するというだけのものでした。

結果から言うと、来場者数はほとんど増えませんでした。深夜の放送だったため、昼間の放送に比べれば多少増えたかなという程度。「まあこんなもんか」という手応えでした。

ただ、せっかく大のオッサンがコスプレした姿を晒《さら》して行った放送です。もったいないからせめて動画として残しておこうという話になり、放送中にウケた部分だけを切り貼りした映像を、「ニコニコ動画」に投稿したのです。

特に深い意味はありませんでした。

しかし、この動画が大化けしたのです。

再生数が一気に急上昇し、今まで見たこともない「万」の大台に乗ったのです。正直、最初は何が起きているのか理解できませんでした。

しかし、面食らう僕たちを尻目に再生数は止まることなく伸び続け、次々とコメントが投稿され、結果的に大ウケしたのです。

俗に言う「バズった」というやつですね。要因を調べたところ、とあるまとめサイトの管理人が「コスプレしてジャグラーを打つオッサン」というシュールな光景を面白がり、記事で紹介してくれたことがわかりました。

これはもう、完全に運の世界です。

まさかここまでの反響があるとは思いませんでしたが、兎《と》にも角《かく》にも目立ったことに変わりありません。そして、この動画がバズったタイミングと、僕のブログがランキング1位になったタイミングが、ほぼ同時期だったのです。

「天が我に味方した」と思いました。

文章媒体のPVと映像媒体の再生数。

このふたつを同時に手に入れたのです。

このタイミングを逃したら、もう1GAMEが大きく成長するチャンスは二度と来ないと思いましたし、その直感は今でも正しかったと信じています。

こうなったらイケイケどんどん。

勢いに任せて、誰もやったことのないことをやってやろう。

誰も考えたこともないような、奇抜なことを企画してやろう。

世間をもっと驚かせてやろう。

もっと注目を集めてやろう。

そう考え、実行したのです。

1GAMEの一大イベント**「百鬼夜行」**を。

先々の心配よりも目先のチャンスを優先

勢いと調子に乗った僕が企画したイベント。

それが「百鬼夜行」です。

当時、パチンコ業界は「広告規制」の影響で、パチンコ店自身が出玉イベントを行うことが難しくなっていました。その代用として「空《から》イベント」と呼ばれるパチンコ攻略雑誌の名義貸しイベントが横行し、攻略ライターによる「来店イベント」の全盛期でした。

ただでさえ新台導入に多額の費用がかかるのに、「空イベントにさらに多額の金を払って果たして玉を出せるの？」と思っていたら、案の定、ガセイベントが増えました。

似たような新台ばかりで、ガセイベントだらけ。

そんな状況で、ド派手なイベントを開催してみたくなったのです。

内容をひとことで言うと、「タダでお店の宣伝をして集客するから、その対価として遊びに来てくれたお客さんに対してお店の全力を見せてくれ」というものです。

もちろん「出玉イベント」などとは口が裂けても言えないので、「コスプレ自由のオフ会」

と称することにしました。これには建前としてだけでなく、コスプレというネタで参加者の参加意識を高めようという狙いがありました。

ほかにも「印象に残りやすくしたい」や「素顔を隠したい」という細かい理由はありましたが、とにかく「派手にしたい」というのが一番の理由でした。

「百鬼夜行」というネーミングの由来は、僕の好きな小説家である京極夏彦先生のシリーズからのパクリと、クオリティの低いコスプレ集団がパチンコ店に押し寄せたら「きっと妖怪の群れみたいになるだろうな」という考えからです。

ランキング1位奪取と天膳ジャグラー動画のバズから数日で構想を練り終えましたが、正直、企画内容を公表するのには勇気がいりました。

これは完全な博打《ばくち》です。

「根性のある店はかかってこいや！」というポーズを取って、それに賛同してくれるパチンコ店がある保証などどこにもありません。

もし賛同するパチンコ店が表れない場合、僕はただの「実行力のないビッグマウス」として袋叩きにされ、1GAMEの活動も暗礁《あんしょう》に乗り上げたことでしょう。

しかし、やはり**先々の心配より目先のチャンスが優先です**。失敗したところで大金を失うワケでもありませんし、命を取られるワケでもありません。

勇気を振り絞って企画内容を公表しました。もちろん、僕のキャラクターは強気な暴言キャラクターなので、これ以上ないほど自信タップリの演出を添えて。

内心、ビビり倒していたのは、今だから言えることです。

そして幸運にもブログ読者のパチンコ店店長から賛同をいただき、第1回のイベントを開催。結果は120人を超える参加者と、出玉の嵐！

大成功でした。

そこから第2回、第3回と立て続けにイベントを開催し、参加者は次々と増え、ついには1000人を超える並びを記録するまでに至りました。

そしてこの頃になって「すべてを仕切っている『てつ』がリーダーであるのが自然だ」ということになり、僕が1GAMEのボスになったのです。

百鬼夜行の開催を重ねていく中で、志《こころざし》を共にする仲間も増えました。

一文の得にもならない活動に、無償で協力してくれるなど、今考えても狂気の沙汰だと思いますが、その時に加入したメンバーが、今では1GAMEの主力なのです。

YouTubeで動画を配信するようになり、年商が1億円を超えた現在も、カメラマン、編集、マネージャーの仕事のほとんどを、その頃に加入したメンバーが担当しています。
しかし、運に恵まれ、人に恵まれ、一見順風満帆に見えた1GAMEでしたが、物事はそう上手いことばかり、都合良くは運びません。

賛同してくれたパチンコ店の協力のおかげで百鬼夜行は「日本一強いイベント」とまで言われるようになり、1GAMEは売名に成功。ブランドを作り上げることはできましたが、なんせ全部タダでやっていることです。予算を捻出することができないため、活動を継続することが困難な状況に追い込まれていきました。

イベントはあくまで派手なパフォーマンス目的だったのに、気付けば世間から1GAMEは「百鬼夜行をやる人たち」と認識され、知名度だけが一丁前。

日常的な活動は、僕が個人ブログをひたすら更新し続け、たまに深夜のパチンコ店に入れてもらって生放送をするだけになっていきました。

当然でしょう。収入がないのですから。

このまま行けば、1GAMEというサークルはイベントの伝説だけ残して解散するだろうなと思った頃、大きな転機が訪れました。

「本格的にパチスロ実践番組にトライしてみませんか?」という誘いがあったのです。

YouTubeへの参入

百鬼夜行の開催を重ねる過程で知り合った広告代理店から、ある日「パチスロ実践番組を作りませんか?」という誘いがありました。

知名度だけは一丁前だった1GAMEを、「商材としてパチンコ店に売れる」という判断からの誘いでしたが、当時の僕たちは金にならない「ニコニコ動画」にお遊び動画を投稿する程度。撮影機材も個人所有の安物しかなく、撮影技術も編集技術も素人同然。

しかし、「これは最後のチャンスである」と考えました。

仕事として番組を制作する以上、それは即ち制作費を負担してもらえるということです。予算が得られれば、メンバーに給与を支払うことができる。

タダ働きをさせることに抵抗があった僕は、メンバーに対して活動への参加を常に「自由参加」としてきましたが、予算を得られればメンバーを一か所に集めて本格的に活動することができるようになります。

活動を停滞させた一番の理由は「予算がないこと」だったのです。

組織の空中分解を阻止できる可能性があるとなれば、飛び付かない理由がありません。すぐに番組の企画案をまとめ、実践番組専用のチャンネルを開設し、初めて営業中のパチンコ店で実践番組を収録し、公開しました。

2016年7月の収録。

それが僕の番組『妖回胴中記《ようかいどうちゅうき》』の第1話であり、現在ではチャンネル登録者数40万人。業界第3位のチャンネルにまで上り詰めた素人集団の、記念すべき1作目の実践動画です。代理店に機材とカメラマンを借り、自らタレントとして出演し、編集はメンバー数人にアルバイトとして協力してもらい、他の実践番組を模倣して制作しましたが、出来としては100点中20点といったところでした。観返す気が起きないほどの駄作です。

ここで僕の闘争心に、3度目の火が点きました。

1回目は飛び込み営業で門前払いを食らった時。2回目はコンセプトを決めた日です。このままではYouTubeで勝ち上がることは不可能であると判断し、徹底的な市場分析と「ウケる動画」の理論構築、番組制作の体制作りに全力を注いだのです。

さて、思ったよりも自己紹介が長引いたので、細かくは後の章で語らせていただきます。

第2章　心　構　え　の　巻

登録者数を増やしたければ、アンチの数も増やせ!

Chapter 01

小説を書くつもりでキャラクター設定を

文章を書くにせよ動画を作るにせよ、インターネットで情報発信をするにあたって最初にしなければいけないのが「キャラクター設定」です。

そんなに難しいことではありませんが、とても重要です。

自分とは無関係の「作った自分」を設定し、情報発信はすべてその「作った自分」を経由して行う。要は、自分を小説の登場人物のように扱い、作者と登場人物を切り離すということです。読者や視聴者から見えるのは「登場人物」であって、その裏にいる作者はあくまで登場人物に命を与えて動かす「人」でなくてはならない。

僕が作ったのは「1GAMEのてつ」というキャラクターです。

過激な発言で大勢を怒らせ、冗談で視聴者を笑わせる「てつ」と、今この文章を書いている「僕」は完全に切り離されています。

自分で自分をプロデュースする。

これには大きなメリットがふたつあります。

ひとつ目は**「表現の幅を広げることが可能」**という点です。

小説の登場人物は、作中に大勢出てきます。皆それぞれ価値観や性別、言葉遣いまで違いますが、書いている人間はひとりです。普段、自分が使うことのない言葉遣いや、恥ずかしくなってしまうような発言であっても、それがキャラクターであれば話は別。

表現方法は自由自在です。情報発信の場では複数の人格を作る必要はないため、自分の代理で発言してくれる「便利な人」をひとり設定するだけで十分。あとはその人に台本を渡し続ければ、作者とは違った方法で表現してくれます。

これは僕の持論ですが、社会で真っ当な人生を送っている人が、自分の言葉で自然な表現をしても、まったく面白くありません。

いわゆる「普通」という、コンテンツとして最弱のエリアに迷い込みます。

情報発信の場において、表現は特徴的でユニークでなければ人の目に留まりませんが、そんなことを日常的にできる人は一部の天才だけです。

僕は凡人なので、特徴的な登場人物を作り出す方法を選びました。

ふたつ目のメリットは**「自分を守れる」**ということ。

情報発信者は例外なく、顔の見えない人たちから批判を受けます。

ＳＮＳなどを利用している人なら経験があると思いますが、発言に対しての批判だけでなく、時には人格を否定するような言葉を浴びせられることもあるでしょう。

それが原因で心を病《や》んでしまう人もいるくらいです。

インターネットのような顔の見えない環境では、人間の負の部分が強く出るため、そのネガティブな情報と真っ向から向き合っては精神が持ちません。

目立てば目立つほど。成功すれば成功するほど言葉の暴力を浴びせられます。

しかし、前述したように自分の作ったキャラクターに、自分の代理で情報を発信してもらえば、すべて「他人事」として割り切れるのです。

キャラクターが攻撃されても、作者が攻撃されるワケではありません。

むしろ攻撃されているキャラクターを見て「大変そうだなあ」と思う余裕まであります。

よく「等身大の自分で」などという言葉を使う人がいますが、インターネット空間で等身大の自分なんて出したら、何かを成し遂げる前に心を病んで潰れます。

僕も含め、人は弱いのです。

批判について、わかりやすい例を挙げておきましょう。

例えば「1＋1は2である」という当たり前の情報を、荒っぽい分身に任せて「1＋1は2に決まってんだろ馬鹿かテメェら！」と発信してもらったとしましょう。

言葉遣いが荒いので、当然批判を受けます。

しかし、その批判は「言葉遣いが悪い」「気に入らない」という方向に向くハズです。**発信した情報の内容自体は否定されていません**。作者が発信している内容は「1＋1が2である」ということであり、言葉遣いを批判されたところで何も感じません。

では最初から前者のような真っ当な表現にすれば良いかというと、それは違います。

前者の表現には特徴がありません。普通なので最悪です。

過激な表現は人に嫌われますが、瞬間的に人を惹き付ける力もあります。

僕が「てつ」をプロデュースする上で心がけたのは、**「人を不快にする愉快で痛快な存在」**になることです。

詳しくは後述しますが、一人称を尊大な印象にするため「俺」に設定したことや、口調を荒く設定したことはそういった理由からです。

Chapter 02

得意なジャンルでとことん勝負する

インターネット媒体を立ち上げ、情報発信をビジネス化しようとした場合、テーマとなるジャンルは山ほどあります。

ゲーム、美容、動物、映画、漫画、グルメ、パチンコ・パチスロ……多くの人が陥るのが、最初から「お金になりそうなジャンルを選んでしまう」ことです。

たしかに、Ｇｏｏｇｌｅの広告と相性が良いジャンルや、プラットフォーム利用者の年齢層とマッチした「おいしいジャンル」というものは存在します。

そういうジャンルを選びなさいと教える人も多いでしょうし、組織的な情報サイトなどであれば「おいしいジャンル」を扱うことは間違いではありません。

ですが、これから情報発信を「個人」で行う人に、これだけは知っておいてほしい。

興味のないことを発信し続けるという行為は、想像を絶する苦痛を伴います。

コンテンツ作りは継続が力なりの世界で、更新頻度がモノを言う世界です。無名の状態から毎日毎日、コツコツと積み上げる必要があるので、継続するには「好きなこと」か「得意なこと」を選ぶ必要があります。僕の場合は好きなことと得意なことが同じだったので「パチンコ・パチスロ」というジャンルを選び、継続し、成功することができましたが、好きなことと得意なことが微妙に異なる人もいると思います。

その場合は**「得意なこと」を選びましょう。**

例えばあなたが「猫が大好きな家具職人」だった場合、コンテンツ化するべきは大好きな猫ではなく、本業としている家具です。

「家具職人による家具レビューサイト」や「誰でも簡単に作れる家具作り動画」のような方向に進んだほうが、成功する確率が高いです。

コツコツと継続するためには、もちろん好きであることは重要です。ただ、もっと大事なのは**「自分の中に多くの引き出しがある」**ということ。発信するコンテンツが、調べずとも準備せずとも、すでに自分の中にあるという状態がベスト。とにかく継続が楽です。

インターネットを利用した情報発信ビジネスは、本業の傍らで副業として行う人が多いと思いますが、方法としては「本業の知識を違ったカタチで有効活用する」というやり方が一番です。

現在進行形の本業でなくても構いません。僕の場合は元パチスロ開発者ですが、今はまったく違う本業を持っています。ただ、パチスロを作っていた経験のおかげで、遊技機についての知識は一般のプレイヤーに比べて多いです。これがとても役に立ちました。「ゲームが好きでよく遊んでいる」人と「ゲームを作っていた」人では、ゲームの根幹部分に関わる知識量が圧倒的に違うので、苦労せず専門的な話ができるのです。

もちろん、今から勉強を始め、勉強しながらコンテンツを作って情報発信するという選択も大いにアリだと思います。

その場合は前述した「猫が大好きな家具職人」が、猫をコンテンツ化するという、ビジネスというより、趣味に近い情報発信になります。

専門知識が少ないというデメリットはありますが、好きで続けていたことが、ある日突然ビジネスとして大化けするということも十分あり得るので、ひとつの正解です。

むしろその場合、大きなお金に繋がらなくても続けられると思うので、情報発信の本来あるべき姿であるとも言えるでしょう。

飽和状態のジャンルで勝負するより、ニッチな路線を狙ったほうが良いというようなアドバイスをする人も多いと思います。

考え方は人それぞれですし、すでに確立されたジャンルでライバルに強豪が揃っているような場合、その中で勝ち上がって生き残るのは至難の業でしょう。

よく言う「ブルーオーシャン」や「レッドオーシャン」という考え方です。一般的には「ブルーオーシャン戦略（緩やかな市場を狙う）」が正解とされますし、それと逆の「レッドオーシャン戦略（資本や能力を活かして競争を勝ち抜く）」というものもありますが、僕はこう考えます。

全部無視して得意なことをやれば良い。

僕が活動の拠点としているパチンコ・パチスロの動画配信などは、典型的なレッドオーシャンで、新規参入した媒体が勝ち上がることなど不可能だと言われていました。強い媒体、タレントが本当に強い上に、参入する人間がとても多いジャンルだからです。

１ＧＡＭＥが勝ち上がったのは「相手が強いから勝ち目がない」という打算で路線変更せず、すべて無視して「好きで得意なことをやる」に全力を注いだ結果だと思っています。

もちろん勝つための戦略は必要ですが、それについては後述しましょう。

Chapter 03

10人に好かれるより100人に嫌われたほうが得

ここからは少し戦略的な話になります。

大勢に対して何かを発信する、いわゆる有名人になろうと考えた場合「好感度」というものは、売れる上で大きなウェイトを占めると思われがちです。

現に人は、わかりやすく「感じが良い」人に好意を持ちますし、好感を持った人の発信する情報は受け入れられやすくなります。

人間、誰だって人に好かれたいものです。良い人だと思われたいし、愛されたいし認められたい。承認欲求を満たしたくなるのが、人間の性《さが》だと思います。

しかし間違えてはいけないのは、好感度の高い有名人は大金を投入したプロモーションや事務所の力があってこそ誕生するものであり、インターネットでゼロから自分の力で知名度を上げようとした場合、良い人は「普通の人」になるということです。**インターネットでは「普通」が一番の悪です。なので、手っ取り早く嫌われにいきましょう。**

人に好かれることは難しいですが、嫌われるのは簡単です。わかりやすく「感じが悪い人」になれば良いからです。

荒っぽい言葉遣いに上から目線。この世で自分が一番正しいと言わんばかりの強すぎる自己主張と周囲の否定。常に喧嘩腰で傍若無人な態度。

これだけ揃えれば、ほぼ確実に大勢に嫌ってもらえます。

それはちょっと……と思う人が多いと思いますが、これは僕が自分をプロデュースする際に「1GAMEてつ」に設定したキャラクターです。

そこまでして人に嫌われる意味はあるのかと疑問に思われる方が多いと思いますが、インターネットにおいては「覚えてもらえないヒーロー」より「印象に残る悪役」のほうが立ち位置としては正解なのです。大嫌いな人のことって、忘れられなくなりますよね。

インターネットでは、正（ポジティブ）の力よりも負（ネガティブ）の力が強い。

そこを利用しない手はありません。

「良い人がこんなに良いことを言っている」より「最低の人間がこんな酷いことを言って

いる」というほうが、拡散力が高いのです。

ポジティブな感情は自己完結できてしまいますが、ネガティブな感情は吐き出さないとスッキリしないのが人間です。

そしてインターネットには吐き出すための道具が揃っている。

ひとりで美味しいものを食べた時をイメージしてもらいたいのですが、美味しかったという「情報」を食べ終わった後にどうするか。

すぐさま食べログを開いて書き込む人も中にはいるでしょうけど、多くの人は「美味しかったなあ」と自己完結して終わりです。

拡散するとしても、翌日会った友人に「昨日、美味しいお店を見つけたよ」と報告するなり、SNSに写真を投稿して「美味しかった」と書いて終わりです。

ではその報告を聞いた友人や、写真を見たフォロワーはその情報をさらに拡散してくれるでしょうか。

答えは否です。ポジティブな体験や感情というものはインパクトに欠けるため、よほど役に立つ情報でない限り拡散能力に限界があります。

では次にネガティブな情報の例を挙げましょう。

ラーメンを食べに行ったら、店主に怒鳴られた。

さあ。翌日どころか、直後に他人に言いふらしたくなりますよね。

「ムカつく」「不快だった」「イヤな思いをした」

こういった負の感情は自己完結できないのが人間であり、その情報を受けた人も、自分が体験した話でもないのに、**不快感を他人と共有して消化したくなるのです。**

人は悪口が大好きですし、ネガティブな感情の共有は快感に変わったりもします。

「炎上」と呼ばれる現象は、こういった人間の性質から引き起こされます。

その感情をコントロールすることにより、知名度を一気に上げることが可能です。

当然、嫌われるだけで終わっては意味がありません。

コンテンツの中身は真面目に、良いモノを創ってこその売名パフォーマンスです。

先ほどの例で言うと、ネガティブな情報は「怒鳴る店主」ですが、その先に「ほかに負けない味」という価値を付けることで、悪い意味で拡散された店名が「頑固オヤジが作るこだわりのラーメン」という情報に大化けする現象が起こります。

極端な例え話ですが、モニター越しのインターネット媒体ではこういった芸当が容易に可能であるということを覚えておいてください。

Chapter 04

火事と喧嘩はネットの華　手っ取り早く騒ぎを起こせ！

主張やコンテンツを大勢に対して広めたい場合、最も重視するべきは「注目を集めるための環境作り」です。

どんな立派な主張も、優れたコンテンツも、人のいないところで披露しているだけでは誰にも伝わりません。そして、ただ人前で披露すれば良いという話でもない。

注目を集め、強引に聞く耳を持ってもらわない限り、人は大抵のことに無関心です。

例えば週末の夜。渋谷のハチ公前。これでもかというほどの人通りの多さ。

その最高の環境で「これから友人とペアになり、より多くの人に『１ＧＡＭＥ』というキーワードを広めてください」というお題を出されたとしましょう。

用意された機材はマイクとスピーカー。

これらのツールを使い、何をすれば大勢にキーワードを広めることができるでしょうか。

大きな声で『１ＧＡＭＥ』というキーワードを盛り込んだスピーチをしますか？

僕なら、**まず友人の頭をいきなりスピーカーでぶん殴ります**。

もちろん、予《あらかじ》め口裏は合わせておきますよ。殴るけどゴメンね、と。

そして今度は殴り返してもらい、公衆の面前で大喧嘩を始めます。

するとどうでしょう。通行人は足を止めるどころか、人が人を呼び、あっという間に人だかりが完成。喧嘩の様子を動画撮影する人が現れ、喧嘩の様子がＳＮＳにアップロードされ、さらには面白がって喧嘩に参戦する酔っぱらいまで出てくると思います。

そこがタイミングです。ここぞとばかりに『１ＧＡＭＥ』というキーワードを連呼するなり、「これが１ＧＡＭＥの真の力！　ギガマイクブレイク！」などという意味不明な叫びで機材を破壊するなりします。しばらくすると警察が駆けつけてくるので、逮捕される間際も『１ＧＡＭＥ最高！　ビバ渋谷！』などという、意味不明なことを叫びましょう。

ニュースで「乱闘の首謀者は繰り返し『１ＧＡＭＥ最高』などという意味不明な供述をしており……」と、報道してもらえます。

すいません。最初に書いたとおり、これはあくまで例え話です。

実際にこんなことをしたら、迷惑行為どころか犯罪です。絶対にやめましょう。

しかし、よく考えてみてください。手段はどうあれ、主目的である「キーワードの周知」は、これ以上ないくらい効果的に果たしていると思いませんか？

マイクとスピーカー（拡声機能）を正しく使い、通行人に対して街頭演説を行った場合との違いを想像してみてください。

人は誰しも、他人の喧嘩や派手な騒ぎが大好きな野次馬なのです。

そして**人の本性が強烈に発露するのが、顔の見えないインターネット空間です。**

誰かが炎上していれば面白がって拡散し、誰かと誰かが喧嘩していれば、面白がって拡散し、前のめりにヤジを飛ばして喧嘩に参加したりもします。

すべてはモニター越しであり、いくら騒ぎが大きくなろうと、誰がどれだけ傷つこうと、傍観者でいる分には安全です。物が飛んでくることもありません。

インターネット空間は、そういう世界なのです。現実世界とは違います。デジタル情報のやり取りですから、犯罪の性質も、現実世界とは少し違うのです。

「注目を集めるための環境作り」の重要性は現実世界もインターネットも同じなのに、やって良いことと悪いことは微妙に違う。なので、手っ取り早く騒ぎを起こしましょう。

「火事（炎上）と喧嘩は、ネットの華」なのです。

ただし、前項で書いた「大勢に嫌われる」ことと同じく、騒ぎを起こすだけでは意味がありません。ただの馬鹿だと思われて終わりです。

最終的な着地点を最初にしっかりと想定し、犠牲にして良いラインを明確化し、そこに向かって計画的に騒ぎを演出する必要があります。

主目的は、あくまでコンテンツの拡散なのですから。

僕の場合は有名ブロガーやタレントに対してSNSなどを利用して喧嘩(過激発言)を売りまくり、読者や視聴者を巻き込んで騒ぎを起こして売名しましたが、その代償は悪名です。名前が売れることと並行して「喧嘩っ早く、誰にでも噛み付く悪人」という悪名が付いて回りました。しかしこれは、僕が最初に「犠牲にして良い」と判断した部分なので問題になりません。前述したとおり、**人に嫌われることは有利だと考えているためです。**

力を注いだ自らのコンテンツが騒ぎを通じて世間の注目を集めたことにより、評価の対象が「人間性」から「コンテンツの中身」に徐々にシフトし、最終的に「性格は大嫌いだがコンテンツは面白い」と思わせることに成功しました。

これが僕の想定した着地点です。

Chapter 05

ネットの世界においては人は見た目が9割どころではない

『人は見た目が9割』という書籍があります。

ルックスや仕草で人の印象は変わるというような内容で、コミュニケーションの場において「見た目」というものが非常に大きなウェイトを占めるということが書かれています。

インターネットコンテンツ——特にパチスロ実践動画のように「人」を前に出した動画コンテンツにおいて、**見た目の重要性は9割どころではありません**。

少なくとも9・5割。下手したら9・8割かもしれない。兎にも角にも、顔を覚えてもらわないことには話が始まらないのです。テレビのような大きいメディアと違い、YouTubeのようなプラットフォームを利用した動画投稿は、素人にでも簡単にできます。それこそ毎日、世界中でとんでもない人数が、とんでもない数の動画を投稿しています。

その大量の動画投稿者の中で個性を発揮し、存在を認識してもらい、投稿する動画を継続的に視聴してもらうためにはどうすれば良いか。

これはもう、見た目しかありません。

イケメンや美人は当然有利ですが、とにかく目立つことが何より重要なので、ほかと被《かぶ》らない個性的な見た目を作り上げることを最優先してください。不細工でもハゲでも、短足でもシャクレでも良いのです。見た目の特徴にあだ名を付けられるレベルのわかりやすさで他人との差別化を図り、存在を強くアピールする必要があります。

当然、元の容姿を簡単に変えることなどできないので、髪の色やメイク、身に付けるアクセサリーや衣装。あとはカツラや小道具などで工夫するのが比較的簡単な方法でしょう。

僕は映画『ダークナイト』で故ヒース・レジャー演じる〝ジョーカー〟というキャラクターが好きだったことと、ヒールとして暴れる僕のキャラクター設定がマッチしているという理由から、ジョーカーのフェイスペイントを選びました。

クオリティの高いジョーカーメイクを「コスプレジャンル」の動画で披露する人はいても、パチンコ・パチスロジャンルでこんなメイクをする人はいませんでした。

イケメンや美人のウケが特に良いと言われるパチンコ・パチスロジャンルに、突如として奇抜なメイクの集団が現れたのです(1GAMEタレント陣は全員コスプレしています)。「目立つな」というほうが無理な話だと思います。目立った時点で、半分勝ったようなものです。一度でも動画を観た人は「1GAMEのてつ」という名前は覚えずとも、「奇抜なメイクでパチスロを打つ人を見た」ということは覚えてくれます。

見た目の差別化を達成できた時点で、頭ひとつ飛び抜けたと言っても過言ではないのです。当然、派手すぎる見た目のせいで無駄に怖がられ、視聴を敬遠されることもありました。しかし、それすらも良いことなのです。

嫌われたということは、印象に残ったということ。覚えてもらえるだけで十分です。

そして動画投稿を始めた割と初期の頃から、僕は自身のキャラクター設定を徐々に変更していきました。見た目と中身のギャップを演出するためなのですが、キッカケはたしか、任侠《にんきょう》映画かホラー映画を観ていた時の思い付きだったと記憶しています。

「ガラの悪い人がヒールをやっていても、何も面白くないな……」

意外性が大事だと感じたのです。

平凡な見た目の人が、異常者だった時の怖さ。

柄の悪い人が、実は優しい人だった時の安心感。

これだと思いました。なので、そこからは**「ある程度の毒気を残したままコメディアン路線に進む」**という決断をし、僕の動画コンテンツは過激路線からコメディ路線に向かっていきました。

動画コメントには、よくこのような投稿が寄せられます。

「動画のサムネイルで怖い人だと思い込んでいたが、観たらギャグ路線で面白かった」

ギャップの演出に成功したことを実感できました。最初は怖がられていましたが、見た目のインパクトで記憶してもらえたおかげで視聴のキッカケに繋がり、内容に満足してもらって継続視聴に繋がる。

理想的な展開です。

最近はコメディ路線に進みすぎたせいか、ジョーカーメイクを「パンダ」などと呼ばれるようになったので少し複雑な心境ですが、数字が取れれば結果オーライです。

最初からノーメイクの平凡な30代男性の見た目で動画投稿していたら、同じことを同じだけやっていても、まったく別の結果になっていたと思います。

これから動画配信を始める方は、今一度「見た目の重要性」を再認識してください。仮面でも良いと思いますよ。

Chapter 06

検索や関連付けは常に頭の片隅に

制作したコンテンツを大勢の目に触れさせるためには、人の感情を利用した拡散や見た目のインパクト以外にも、テクニカルな努力が必要です。

ブログ記事にせよYouTube動画にせよ、あらゆるコンテンツには必ず「タイトル」のようなテキスト(文字)情報が含まれます。このようなテキスト情報はコンテンツの中身を利用者に伝えることが主目的ですが、文字を読んでいるのは利用者だけではありません。人間ですらありません。検索エンジンのロボットです。

テキストが基本となるWEB媒体やブログでは「SEO（検索エンジン最適化）」という言葉がよく用いられ、情報を求める利用者に対してGoogleのような検索エンジンで上位表示させる方法が日々研究、実践されています。

ＳＥＯについて語り始めるとそれだけで１冊の書籍になってしまうので、詳しく知りたい方は専門書を購入するなり、ＳＥＯ研究サイトを閲覧《えつらん》するなりしてください。

テキスト情報をメインコンテンツとしている媒体でＳＥＯを完全に無視しているという方はまずいないと思いますが、動画コンテンツとなると別です。

コンテンツの性質が異なるせいか、テキストの重要性があまり認知されていません。さすがに『ＭＣＮ（マルチチャンネルネットワーク）』に所属しているような有名ユーチューバーの場合は、事務所のアドバイスを受けて実行している方が多いのですが、個人で動画を投稿している方の中にはテキスト情報を完全に無視している方が見受けられます。

また、テキストコンテンツにおいてのＳＥＯ技術をそのままＹｏｕＴｕｂｅコンテンツにスライド利用している方も多く、絶対にやらなければならないことをやっていないどころか、勘違いしている人があまりに多い。

まず、テキスト情報の「最適化」は、媒体の性質や利用するプラットフォームによって大きく異なります。テキスト媒体が最も意識しなければならないのは、当然「Ｇｏｏｇｌｅの検索アルゴリズム」です。ストレートなＳＥＯであり、日々変わり続ける評価基準を情報収集とトライアンドエラーで攻略していく必要があります。

一方、動画媒体はまったく違います。普段、ＹｏｕＴｕｂｅを個人的に閲覧する時のことをイメージしてほしいのですが、次の2パターンではどちらのほうが多いですか？

1．目的に合った動画を検索して閲覧する
2．オススメや関連動画から興味のある動画を閲覧する

仕事で利用するような場合や、好きな映画やアニメ作品関連の動画を探すような場合は検索を使うと思いますが、多くの方が後者でしょう。オススメや関連動画から、面白そうな動画を探していると思います。

急上昇ランキングから話題の動画を探すという方も多いと思いますが、これは容易にコントロールできるものではないので、この場では省かせていただきます。

つまり、**能動的に閲覧されるテキスト媒体に比べ、動画媒体の利用者は受動的なのです**（テキスト媒体でも、まとめサイトやニュースサイトは似た性質を持っています）。

したがって、動画媒体でのテキスト最適化は、検索よりも「人気の動画」に関連付け、ターゲット層を絞り込んでオススメ動画に表示させることが目的となります。

YouTubeの機能は優秀です。

利用者の視聴履歴と傾向を分析し、興味のありそうな動画をオススメ表示してくれますし、視聴中の動画の「次に」視聴されそうな動画を自動的に抽出して表示してくれます。

ここを狙うと狙わないでは大違いということは、感覚的にご理解いただけると思います。

そして狙うことは可能です。

YouTubeの評価基準は定期的に仕様変更がかかるため、正解は常に変わり続けますが、最大の近道は「考えている人」の動画のソース情報を閲覧する方法です。

動画投稿者が操作できるテキスト情報は「タイトル」「説明文」「キーワード（タグ）」の3つですが、考えている人はここを意識的に最適化しています。

キーワード情報は動画視聴画面には表示されませんが、WEBブラウザで「ソース表示」の操作をすれば簡単に閲覧可能です。

その動画投稿者が、どういった動画に関連付けを狙い、ターゲットをどこに絞り込んでいるのか。その結果、テキスト情報をどう最適化しているのかを分析しましょう。

特に自分のジャンルと重複する動画はヒットさせやすいため、徹底的に分析しましょう。

人気動画に関連付けることができれば、再生数は爆発的に伸びます。

Chapter 07

時にサムネイルはコンテンツの中身より重要

サムネイルとは、記事や動画コンテンツの内容を、大まかに把握するために使われる縮小画像のことです。「サムネ」と略されて呼ばれることが多いですね。

ＹｏｕＴｕｂｅ動画のサムネイル作成技術は、再生数を伸ばすためには必ず習得しなければならない技術であり、時には動画の内容よりも重要です。

なぜなら、これから動画を観る人は中身を知らないから。中身を知らない人に、その動画のために数分、長ければ数十分という時間を「使っても良いかも」と思わせないと動画は再生してもらえません。レンタルビデオ店で映画を借りる時、パッケージの表面にまず目が留まり、続いて裏面を見て借りるかどうか判断したりしますよね。アレと同じです。

オススメ動画や関連動画に表示された時、一瞬で利用者の目を引き、興味を持ってもらうために重要なのが、サムネイル画像です。ではどういうサムネイルが有効なのかというと、動画のジャンルや内容によっても異なりますが、**とにかく「派手」であることです。**派手というのは画像の配色の問題だけではなく、文字の内容も含みます。

「衝撃映像」

「閲覧注意」

「決定的瞬間」

「予想外の展開」

使い古された例を挙げるとこういった煽り文句がありますが、これは今でも十分に有効な煽り文句です。

コンテンツの内容を正確に伝えることは重要ですが、何より重要なのは「動画を再生してもらうこと」です。サムネイル画像を作成する際は、必ずそれを念頭に置いてください。

僕がサムネイルを作る時に参考にしたのは、**高収入女性求人広告の看板です。**街中でよく見かける「下品な看板」が、動画サムネイルの理想形だと思ったのです。

派手な配色と、遠目でも読めるほど強調された大きな文字。インパクトのあるイラストと、特定のターゲット（お金が欲しい女性）の目を引く煽り文句。

そういった特徴を応用して、1GAMEの動画サムネイルは作られています。よく「サムネが下品」と批判されますが、下品を目指しているので当然の批判です。

サムネイルの仕事は、楽しませることではなく興味を引いて再生してもらうこと。

動画のような「長時間拘束タイプ」のコンテンツに視聴者を誘導するサムネイルは「キャバクラの呼び込み」のようなものであると、僕はよくメンバーに説明しています。

呼び込みのお兄さんは、繁華街を歩く男性に対して「可愛い子が揃っていますよ」と呼びかけますよね。お兄さんの仕事は「お客さんを入店させること」であり、それ以降の接客は店内の女の子の仕事なのです。これはサムネイルと動画の関係性と同じです。

水商売的な例えばかりで申し訳ないのですが、この関係性を理解していないと「馬鹿正直なサムネ」ばかり作ってしまい、肝心の動画に視聴者を誘導できないのです。

呼び込みは「お客さんを入店させる」という使命があるのに、お兄さんが正直に「可愛いか保証はできませんが性格の良い子がいます」と呼び込んだとしたらどうでしょう。

その正直さに心を打たれて入店する奇特なお客さんも中にはいるかもしれませんが、ほとんどの人はお兄さんを無視し、隣で「スタイルもルックスも抜群の女の子が揃っていますよ」と呼び込むお店に流れてしまうことでしょう。

正直者のお兄さんはご新規さんを入店させる能力は低いかもしれないけれども、顧客満足度を高める可能性があるので、一概に悪いとは言い切れないと思う方もいるでしょう。

違います。顧客満足度を高めるのは店内のサービスであり、**入店させることが仕事のお兄さんは、ご新規さんを呼び込むことに専念するべきなのです。**役割分担が曖昧《あいまい》になると、せっかくのサービスを体感してもらうことなく、店前を通り過ぎられてしまうのです。

この例えで言う、呼び込みのお兄さんを「サムネイル」、店内のサービスを「動画の中身」に置き換えて考えてもらえれば、サムネイルがどう在るべきかが理解できると思います。

ちなみに、例えを「商品の広告」や「パッケージ」にしなかったのには理由があります。それは景品表示法です。商品をＰＲする際、実際の性能よりも著しく優れているよう消費者に誤認させる誇大広告は、法律で禁止されています。

しかし、**無料動画コンテンツのサムネイルに誇大広告の概念はありません。**動画の内容とかけ離れたタイトルやサムネイルによる、いわゆる「スパム動画」はＹｏｕＴｕｂｅのポリシーに違反しますが、内容を誇張して派手に見せることは禁止されていないのです。

サムネイルを作る際は、表現の誇張に対する批判など恐れず、コンテンツへの誘導を最優先してください。顧客満足度を高めるのは、あくまで動画の「中身」です。

Chapter 08

文章も動画も「短い」が絶対的な正義

YouTube動画の理想的な尺は、3分から5分。長くても8分程度です。文章コンテンツにも同じことが言えますが、人がひとつのネタに対して気軽に楽しめる限界ラインは5分程度だと、僕は考えています。それ以上の尺となると、投稿者あるいはコンテンツの中身に対して余程の期待感がないと付き合っていられません。

近年、人気ユーチューバーの動画の尺が伸びて15分程度の作品が多い理由は、コンテンツの質が変化したというワケではなく、単純に広告が多く置けるからです。

YouTubeは10分以上の動画に対して、「ミッドロール広告（中間広告）」と「エンドロール広告（終了広告）」を設置できるようになりました。10分未満の動画は先頭広告のみです。再生数が増えると広告設置量によって広告収益が激変する（単価が上がる）ため、収益を意識すると必然的に動画の尺が長くなります。

10分未満の動画と10分以上の動画では、収益が倍近く変わることもあるのです。

しかし最初に述べたとおり、**YouTube動画の最適尺は5分前後です。**

これから動画投稿を始める方は、まずはひとつのネタを凝縮して5分にまとめ、多くの人に気軽に観てもらうことを最優先してください。お金の話は後回しです。

「10分以上の動画を作って広告単価を上げましょう」と言う人がいても、無視して視聴者が「観やすい」コンテンツを作ってください。

最初から欲をかいて10分以上の作品を作っても、観てくれる人が少なければ単価もクソもないのです。**最初は薄利多売を目指すのが正解です。**

そして、コンテンツを短くまとめるというスキルを同時に磨いてください。**いかなる場合も、コンテンツは短いが正義なのです。**

人気が出てきたら「コンテンツ」よりも「人（投稿者）」に重点を置く視聴者が増えてくるので、その時はファンサービスの意味も込めて長尺の作品を作るのも良いでしょう。

わかりやすい例で言うと、無名の新人監督が作った3時間半の超大作映画を観たいと思うかという話です。映画の上映時間は映画館の回転率を考慮し90分から１２０分の尺に収まっている場合が多く、人はその尺に慣れています。

「尺に対しての慣れ」というものは、とても重要なのです。通常の映画尺に慣れた人間が、3時間半（210分）の間、集中力を切らすことなく映画を鑑賞するためには大変な覚悟が必要です。少なくとも僕は、かなりの覚悟がいります。3時間半という長時間拘束される覚悟を決めるためには、やはり作品に対する大きな期待が不可欠です。有名監督が有名俳優を起用し、莫大な予算をつぎ込んで監督生命をかけた超大作。このくらい煽られて、やっと観てみようと思えるレベルです。これがYouTubeでは5分前後の動画と10分超の動画の違いになります。スケールが急に小さくなりましたが、同じことなのです。

さて、散々YouTube動画の最適尺を5分前後と熱弁させていただきましたが、1GAMEのパチスロ実践動画は40分前後の作品がほとんどです。説得力が弾け飛んだかのように思われるかもしれませんが、これはパチンコ・パチスロの実践動画というジャンルにおいては「数十分〜数時間の動画が当たり前」という風潮あってのことなのです。長編のゲーム実況に近いかもしれません。パチスロの勝敗をドキュメンタリーとして見せながら、そこにタレントのトークを乗せるだけで、動画の尺は平気で1時間を超えます。なんせ収録時間（テープ尺）だけで6時間から8時間かかっていますからね。8時間の内容を

40分に収めるのは至難の業です。

それだけの長時間テープを回して入れれば、ウケそうなトークも多く撮れますし、パチスロ機の興味深い挙動も多く撮れます。それらを取捨選択し、本当なら2時間以上の尺でたっぷりと見せたいところを、40分前後の短い尺に押し込むのです。

ちなみに平均尺を40分前後に設定したのは、「テレビのバラエティ番組の60分尺からCMの時間を除外すると40分前後になる」というアドバイスをもらったからです。

先ほどの映画の例からもわかるとおり、人には「尺に対しての慣れ」というものがあるので、自分の番組を「バラエティ色の強い実践番組にしよう」と決めたのであれば、テレビのバラエティ番組に合わせるのが正解であると判断しました。

そして最初のうちは、理想の40分からさらに削りに削り、30分尺で動画を作りました。とにかく「気軽に観てもらう」ことを優先したかったからです。

人気ジャンルの強豪の中で、埋もれずに数字を伸ばして勝ち上がろうと思ったら、まずはほかの動画よりも尺を短くし、ギュウギュウに濃度を高めることを意識してください。

ほかに比べて尺が短く、内容は濃い。

これが人気ジャンルで勝ち上がるための最低条件だと、僕は考えます。

Chapter 09

動画はトークが命！スキルをとことん磨け

動画のタイプにもよりますが、タレントのような「人間」が出演する番組作りをする場合、「喋り（トーク）」は命です。日常生活でもそうですが、喋りが達者な人は魅力的ですよね。ＹｏｕＴｕｂｅでもまったく同じです。喋りが達者な人は、視聴者にとって魅力的に映ります。しかし、ＹｏｕＴｕｂｅに動画を投稿するために、「今すぐ喋りが達者な人間になってください」と言ってみたところで、そんなにすぐに誰にでもできれば苦労しません。

カメラに向かって喋り、それをコンテンツとして発信できるレベルまで高めることは、想像以上に難しいことなのです。日常生活でのお喋りとはまったく違います。

しかし、良い意味でも日常生活と違う点があります。それは「編集」の存在。トークが間延びしても、途中で何を喋っているのかわからなくなってしまっても、言葉に詰まってしまっても、必殺の「カット」を使えば割とどうとでもなります。

若者向け人気ユーチューバーさんたちの動画を観ると、マシンガントークによるテンポの良さで視聴者を動画に引き込んでいる方が多いです。しかしこれは本当にマシンガンなのではなく、編集でそう見せている場合がほとんどです。

「えーと……」や「あのー……」などの余分な部分をすべてカットするのは当たり前。最終的には、息継ぎまでカットしてテンポを速くします。

これにより、一切の間を開けずに喋くり倒すマシンガントークを演出できます。また、プロのタレントや声優に比べて素人上がりのユーチューバーの活舌《かつぜつ》など高《たか》が知れているので、会話はすべてテロップで補強します。

テロップで情報を補強してあげれば、活舌が多少ボロボロでも内容は伝わるし、フォントや効果音で緩急も付けられる。これが「編集」の力です。

台本を書き、そのとおりに喋り、上手く喋れなかったところや表現が弱いところは編集でカバーする。「ユーチューバーってそんなに面倒なことをやっているのか」と思う人もいるかもしれませんが、やって当たり前の基本テクニックです。

それほど「喋りの演出」は重要ということです。ここを理解していないと、カメラに向かってダラダラ、ブツブツ喋っているだけの人になります。誰も観てくれません。

喋りの演出は編集でどうとでもなるとしても、僕がやっているような40分レベルの長尺番組の場合、視聴者を飽きさせないためにはさらなる工夫が必要です。

動画を作るにあたって他人のパチスロ実践動画を片っ端から観て勉強しましたが、どうしても10分ほどで飽きてしまい、途中からスキップ機能を使うか寝てしまう。

パチスロ実践番組はその性質上、画面の構図がほとんど変わらず（常にパチスロ機を映し続ける）淡々としてしまうため、とにかく退屈になりがちなのです。

40分以上の長尺動画を最初から最後まで飽きることなく楽しんでもらうために、自分たちは一体どうすれば良いのかと散々考えました。

そして至った結論が「お笑い」です。

僕のメイン番組である『妖回胴中記』はパチスロ実践番組ですが、メインコンセプトは「僕とパチスロ機と編集員のトリオコント」です。実況や解説を真面目にやることは放棄し、面白おかしく、ボケながらパチスロを打つ方向に特化させせました。

通常のパチスロ実践番組の場合、収録前の打ち合わせは「何をプレイしてどう解説するか」のような話題が多いと思いますが、僕の現場では「冒頭の掴みはどうするか」だったり、「オチのネタはどうするか」ばかりです。完全に漫才やコントの打ち合わせですよね。

結果論かもしれませんが、この狙いは大当たりでした。よく番組視聴者さんから「笑えるおかげで動画を最初から最後までスキップせずに観られる」というコメントをいただきますが、狙いが決まったと感じる嬉しい言葉です。プロの芸人ではない僕にとって、何万人もの大勢を相手にひとつの笑いを取るというのは、大変なことなのです。

毎日毎日、ネタ帳に思い付いたボケや話題を書き込み、収録中は考えたネタをひたすら何時間も喋り続ける。そして収録後は編集員と相談し、ウケそうなネタを選定してツッコミの演出を考える。採用されるネタの割合は、10喋って1くらいです。9は捨てます。喋りのプロではないので、狙ったところで当たりません。数を撃つしかないのです。

「トークが上手い」と褒められることがありますが、僕は決して喋りが達者な人間ではありません。動画においてのトークの重要性を理解し、そこに重点を置いた番組作りを心掛けているため、作品として世に出た僕の番組はトークが「上手いように見える」のです。

番組内ではフワフワとくだらないことを喋ってボケ倒しているひょうきんなオッサンですが、その「ひょうきんなオッサン」を演出するために、膨大な時間と労力を費やしているのです。動画はトークが命ですから。

Chapter 10

先人の知恵を活用するためにとにかくパクれ！

僕は何か新しいことを始める時、必ず「パクリ」から入ります。ただ、パクリとひとことで言っても、意味としては次のふたつがあります。

1．先人が成功した手法を模倣する「パクリ」

2．他人のネタをそっくりそのまま模倣する「パクリ」

僕の言うパクリとはどちらの意味かと言うと、両方です。よく「誰それのパクリ」と批判されたりもしますが、そのとおりです。パクりまくっています。返す言葉もありません。

もちろん、僕もオリジナリティは大事だと思っています。むしろ、オリジナリティがないコンテンツには価値がないとまで言い切れます。ただ、多くの人が想像するオリジナリティと、僕の考えるオリジナリティは違うのです。

「ゼロから新しいものを創造し、誰も見たことがないことをする」

これをオリジナリティの定義だと考えている方が非常に多い印象を受けるのですが、僕はそうは思いません。先人の優れた点を分析し、組み合わせ、味付けし、グレードアップさせる。これも立派な「オリジナリティ」だと考えています。

そもそも、これだけ人類が進歩しているのです。音楽も、物語も、基本パターンはほぼ出尽くしていると思います。今の時代に生きる僕たちにできることは、そのパターンを組み替えたり、テーマを現代ならではのものに置き換えたり、技術的に進歩した要素を追加するくらいのことだと思っています。

「誰も見たことがないこと」など、この世にはなかなかありません。もしあるとしても、それは「誰も必要としなかったこと」だから記録として残っていないだけか、技術的に実現不可能であったかのふたつだと、僕は極端な考え方をします。

なので、**まずはパクリを恐れないでください**。誰でも何かを作る時、誰かの何かを必ずパクっているのです。どうでも良いことに捉われるより、如何に先人の知恵を多く引き出し、有効活用するかに頭を使ったほうが何倍も賢いと思います。

そして今の時代、先人の知恵はインターネット上に腐るほど転がっています。

動画コンテンツでも文章コンテンツでも、新しいものを作ろうと思ったら、**同じジャンルで活躍している先人を徹底的に分析するところから始めてください**。その人たちが何を考え、どういった方法を採り、その結果どうなったか。何が受け入れられたから成功したのか。まずはそのパターンを探し出し、模倣すれば良いのです。

そして模倣しながら不要なものを削ぎ落とし、必要なものを取り入れ、新しいパターンを探っていく――僕はそれこそが「オリジナリティ」だと考えます。

間違っても消去法的に「誰もやっていないことを探す」のような行動は取らないでください。それは先人が「わかっていてやらなかった」可能性が非常に高く、危険です。

どの商売でも同じですが、何か企画を立てる際、必ず「そうする理由」が必要になりますよね。これはこうしたらこうなるから成功するであろうという「筋道」や、市場調査で得た「データ」のない企画は、企画ではなく単なる「思いつき」です。

コンテンツ作りも同じで、思いつきでモノを作っていたら高い確率で失敗します。1発のネタが大ウケする可能性もあるにはありますが、なぜウケたかが自己分析できなくなる可能性が高く、その後の継続的な人気コンテンツ作りは難しくなるでしょう。

まずは先人の知恵を借り、ひとつひとつを分析しながら継続することが何より重要です。

ここまで長々と書いたのは、パクリのひとつ目……先人の手法を模倣する理由についてですが、ふたつ目の「他人のネタの完全な模倣」をする理由については簡単です。同一ジャンル（さらに言えば同一プラットフォーム）で活躍する有名人のネタは、利用者の「共通の話題」となる可能性が非常に高いのです。例えばモノマネひとつ披露するにしても、知らない人の真似をされるより、知っている人の真似のほうが面白く感じるでしょう。学校のクラスで、先生のモノマネがウケることと同じ原理ですね。

自分のコンテンツを閲覧すると予想される利用者が、事前にどういったコンテンツを閲覧しているか分析（ターゲット分析）し、その対象を称賛、または批判し、芸を模倣することによって、利用者に共通の話題で盛り上がっているような感覚を与える。

共通の話題を振り、共感を誘うことは非常に有効なのです。

とても冷たい話に聞こえるかもしれませんが、僕が動画の中でネタにする有名人について、僕自身はまったく興味がないことが少なくありません。僕自身は興味がなくとも、利用者にとって興味深いネタであれば積極的に調べてパクります。

前の項でトークの重要性を説きましたが、喋りが達者な人は「自分が話したいこと」よりも「聞く側が興味のあること」を話すのです。そこを強く意識しています。

Chapter 11

インターネット時代の正しいアンチの使い方

インターネットで何かしらの情報発信や創作活動を行う場合、避けて通れないのが「アンチ」という存在です。アンチとは元々「Antipathy（アンチパシー）」のことであり、意味としては「反～」や「対～」ですが、インターネット上においては「反感を持ち攻撃する者」として使われる場合が多いので、この場でもそう定義します。

ＳＮＳや掲示板などで悪口を書かれ、イヤな思いをしたことがある人は多いでしょう。デマを流される場合もありますし、人によってはアンチを気にするがあまり、情報発信や創作活動をやめてしまう場合もあると思います。とても悲しいことです。

「アンチなんて気にしなければ良い」と、積極的に「ブロック（追い出し）」や「ミュート（非表示）」による無視を勧める人が多いと思いますが、僕はそういった行動はあまり良い行動だとは思えません。**アンチはとても便利に動かせる人材だからです。利用したほうが得策です。**アンチの利便性について説く前に、どうしてもアンチの行動や悪口が気になってしまうという人に、先にこれだけ言わせてください。

悪口を言われても、金銭的な損失はありません。

「気にするな」ではなく、むしろ「気にしなさい」と言いたいのです。しっかりと手綱《たづな》を握りコントロールすることで、アンチは多大な利益をもたらしてくれます。

情報発信において一番の敵は「無関心」や「無反応」であり、何かしらの反応をもらえるのであれば、それがたとえアンチ行動であっても喜ばしいことなのです。

考えてみてください。普通の人なら「興味のないこと」に時間を割きません。アンチの人は、貴重な時間を使ってくれる、ある意味、ファン以上に熱狂的なファンなのです。

僕は1GAMEの活動初期、イベント開催やブログ執筆時代から、アンチと良いお付き合いを続けてきたと自負しています。僕が過激な口調で煽る度、アンチの方々は僕に対しての否定的な書き込みをSNSや掲示板にばら撒き、タダでプロモーション活動に協力してくれました。本章の冒頭に書いた「キャラクター作り」に最も貢献してくれたのは、当時のアンチの方々なのです。**今日の1GAMEの成功は、僕のためにせっせと働いてくれ**

た当時のアンチの方々のおかげと言っても過言ではありません。

ファンを増やすには多くの時間がかかりますが、アンチを増やすのはとても簡単なのです。ただ怒らせれば良いだけです。そして、計画的に怒らせれば制御可能です。

本章3項で書いたことを覚えていますでしょうか。人は怒りや憎しみのような負の感情を吐き出さずにはいられない生き物です。**そこを利用してアンチにタダ働きさせるのです**。

僕に利用されていることなどまったく気付かず、僕を傷付け、邪魔をすることだけをモチベーションに、ありとあらゆる罵詈雑言《ばりぞうごん》で僕の売名行為に加担してくれる。

こんなおめでたい人たちを、利用しない手はないでしょう。僕は傷つくどころか、アンチの方々の働きのおかげでどんどん有名になり、どんどん収益を上げていったのです。

さて、気付いた方もいると思いますが、僕は本項で人を怒らせる文章の書き方をしています。ブロガー時代のやり方ですが、高慢で嫌味な態度で人を見下すような書き方をしながら、内容それ自体は理解できる部分がある。言い方を変えれば敵を作らないのに、わざと敵を作りにいく。我ながら腹立つ具体例だな……とは思いますが。

初期のプロモーション活動において、僕はとにかくアンチを多く作るために頭を捻《ひね》りました。自らの媒体で人を怒らせる表現をするだけでなく、ファンやフォロワーの多い有名人に喧嘩を売り、そのファンたちを一斉に敵に回すような工夫もしました。

ただ、僕のように自らアンチを量産するよう動くことは、あまりお勧めしません。既存のアンチを上手く操って売名に利用するだけで十分だと思います。なぜなら、自分の思いどおりに大勢が動くことは快感なのです。怒らせようと思えば怒るし、黙らせようと思えば黙る。時には「自分で流した自分のデマ」を材料に盛り上がってくれます。

こういった「人を操作する」快感を覚えてしまうと、初心を忘れます。アンチを使う目的は遊ぶことではなく、あくまで売名に協力してもらい、収益を落としてもらうこと。これを絶対に忘れないようにしてください。そして最後にふたつアドバイスします。

ひとつ目は、怒らせる対象はキチンと選ぶこと。

アンチの中でも、敵に回してはいけない、むしろ相手にしてはいけない類《たぐい》のタイプがいます。僕はこれを「危険人物」と呼んでいますが、悪評を拡散するのではなく1対1のコミュニケーションを求めてくる上に、下手をすると現実世界で危害を加えてくる人です。見分け方としては「発言が支離滅裂で要点を得ない」タイプの人です。インターネットと現実の線引きができない人の可能性があるため、こういう人は徹底的に無視してください。狂人を演じている場合もありますが、判断を間違えると危険なので一律で無視です。

1対1で相手するのは、一定以上の知能を持った論理的な人で、尚且《なおか》つ影響力を持っている人に限定してください。Twitterで言えばフォロワーを最低でも1000人抱えた人。こういう人にアンチ化してもらうことができれば、売名の種を植えた状態になります。僕への不満や文句をフォロワーに共感してもらうために繰り返しアピールしてくれるので、自動で数千人に定期的な売名が可能となります。

そんな面倒なことをするより、ファンになってもらう努力をすれば良いと思うかもしれませんが、前述したとおり、ポジティブな感情は自己完結される可能性が高いので、優先すべきは負の感情の連鎖。好かれることを優先していたら、売名できません。

7人に嫌われて3人に好かれる――コンテンツの立ち上げ時は、これがベストな割合であるという結論に至りました。規模が大きくなってきたら割合を変えていけば良いのです。

ふたつ目のアドバイスは、如何なる場合も相手を論破しないこと。

顔の見えないインターネット利用者は、匿名である利点を活かしてアンチ活動を行いますが、逆を言えば言い返せない状況が発生した場合、即座に撤退することが可能なのです。

必ずある程度の「隙」を作り、攻撃の手を止めさせない工夫をしなければなりません。倒せる気がしない相手に、アンチは構ってくれないのです。

Chapter 12

イヤなヤツになって自分のリスクを下げる

本章で僕は繰り返し「嫌われること」の利点を挙げてきましたが、人に嫌われることとは、言い換えれば「好感度を下げる」ということです。

一見、何のメリットもない行動に見えるかもしれませんが、これも本章を最初から読んでいただいた方にはご理解いただけるかと思います。好感度が高いにこしたことはないが、最初から好感度を上げに行くと名前が売れるスピードが圧倒的に遅い。

そして、本項ではもうひとつの「嫌われる利点」についてお話をさせていただきます。コンテンツが大きくなり、トリッキーな売名が不要になった状況で発生する利点です。

1GAMEのYouTubeチャンネル登録者数が10万人を突破したあたりから、僕は派手な揉め事を起こすタイプの売名手法は封印し、たまに一部の人をイラつかせるような上から目線の発言をＴｗｉｔｔｅｒに投稿する程度にとどめています。すでに売名の目標値は達成したので、派手に暴れる必要がなくなったという理由からです。

ただ、それでも番組内での発言や、Ｔｗｉｔｔｅｒなどに軽い「毒」を盛ることはやめていません。少量でも「感じの悪さ」や「性格の悪さ」といった不快感を残すようにしています。**理由はリスクヘッジです。**コメディ性の強いコンテンツで有名になると、意図せず好感度が上がってしまいます。画面の中で面白おかしいひょうきんなオッサンは、きっと普段からひょうきんな人なのだろうという思い込みを生み、放っておくと好感度が上がりすぎて危険なのです。なので、定期的に性格の悪いキャラクターを表に出し、攻撃的な一面を持っているということを忘れさせないようにしているのです。

「好感度が高いことは良いこと」と思う方が多いですよね。しかしそれは違うのです。情報発信のような目立つ活動をしていて、尚且つ有名になって影響力が大きくなってしまうと、無名だった頃とは状況が違ってきます。何か不祥事や不適切な発言があった場合、悪評の火の手が回るスピードが速すぎて、手に負えなくなるのです。

自ら意図して燃やした「狙った炎上」とは、明らかに火力の違う炎上を起こす可能性があります。そしてその意図しない炎上は、コンテンツからの利用者離れを引き起こします。

この時、**高まりすぎた「好感度」はダイナマイト級の爆発物に化けます。**

テレビに出るような芸能人の不祥事やゴシップが良い例ですが、最も大衆を騒がせるのは「あの人があんなことを」という話題性です。「あの人が〜」というのは「あんなに良い人だと思っていた人が」という言葉に置き換えられます。「裏切られた」という思いがファンに攻撃の口実を与え、期待していた分の反動で集中砲火が浴びせられます。さらにそこにアンチが便乗し、再起不能まで追い込まれる、最悪の大炎上へと発展します。

一方、普段からある程度素行が悪い人の場合、仮に問題行動を起こしたとしても**「アイツだったら不思議ではない」**という奇跡の着地を見せ、小火で済む場合があります。

特に僕のような炎上芸人出身だと、すべて「狙ってやっている」という結論にウルトラCで着地する可能性すらあります。さすがに差別発言や犯罪行為は擁護されませんが、ちょっとした暴言程度であればスルーされてしまうのです。

これはイメージのギャップがマイナスに作用した場合の例ですが、プラスに作用する場合もあります。僕はこれを**「ヤンキー補正効果」**と呼んでいます。

優等生が良い行いをしたところで「いつもどおり」と思われますが、不良が「普通のこと」をするとギャップによる補正がかかり、なぜか「良いことをした」と思わるのです。

もちろん、普段の評価は優等生のほうが上ですが、不良にはそういった変なメリットがあるのが現実であり、こういった大衆の傾向は把握しておかなければなりません。

コンテンツが軌道に乗った後は、そのギャップがプラスにもマイナスにも大きく振れない位置取りを心掛け、安定させるのです。

好感度が上がりすぎたら下げる。下がりすぎたら上げる。

世間の評判をモニターし、常に安全な位置取りを行うことで、不慮の事故によるコンテンツの急激な衰退を防がなければなりません。リスクヘッジです。

さらに僕の場合、組織である利点を活かしてもうひとつ安全策を講じています。

現在、1GAMEのYouTubeチャンネルにはタレントが僕を含め4人いますが、それぞれ明確にキャラクターを分けています。僕のような毒のあるキャラクターは最初のうちこそ笑いを取れて爆発的な人気が出たりしますが、飽きられるのも早い。

人は飽きると「悪い部分」に目を向けるようになりますが、僕の悪い部分は毒です。その毒を苦痛に感じ始めた視聴者が、一切の毒を持たない「良い人」キャラクターに設定した2番手、3番手の支持に流れるよう、導線を引いてあるのです。

僕の賞味期限が切れても、組織の収益は激変しないようにしてあります。

第3章　お金の使い方の巻

制作費や
宣伝費に
大切なお金を
使うことなかれ！

Chapter 13

売上を出したければ再生回数を増やすことを先決せよ

本章からは、具体的な動画配信ビジネスのお話になりますが、最初にしておかなければならないのが「売上」についてのお話です。ご存じの方も多いと思いますが、ＹｏｕＴｕｂｅ動画配信者はＧｏｏｇｌｅの提供する「Google AdSense（アドセンス）」という広告表示システムを使って「広告料」を得ることができます。その「広告料」が動画配信ビジネスでの基本的な「売上」となります。しかし正直、「アドセンスを使うビジネス（ブログなども含む）」ほど、売上の予測が立たないものはありません。商売をする上で指針となる「何をどれだけやったらいくらになるか」が常に不透明でフワフワしているからです。「単価（再生1回あたりの売上）×数量（再生数・ＰＶ数）」という基本的な考え方は通用しますが、単価と数量が共に変動してしまい、予測が立たないのです。

売上が不安定で予測が立たない――後にも書きますが、ここは本当に重要なところです。では何もかもが完全にわからないのかと言えば、さすがにそこまではありません。大雑把な単価の「目安」というものは存在します。

本来であれば僕のアドセンス売上や各種データを開示し、データを見ながらお話をしたいところなのですが、あいにくGoogleはこれを禁じています。正確なデータは開示できないため、ところどころ曖昧な表現になる点だけご容赦ください。

さて、世間一般ではYouTubeの動画再生による収益は、「1再生あたり約0・1円」と言われています。動画が1万回再生されれば、1000円の売上が上がる計算ですね。これは有名ユーチューバーの方も言われていますし、僕の経験から言っても遠からずという数値なので、概《おおむ》ね1再生0・1円という考え方で良いかと思います。

しかし、前述したとおり、広告単価はさまざまな要因で変動します。本書はアドセンスの攻略本ではないので細かい部分は割愛《かつあい》しますが、主には動画にマッチングされる広告の種類です。動画のジャンルやタイプによって表示される広告も変わるため、広告単価は人によって大きく異なるのです。また、時期によっても変動します。

それ以外にもチャンネル登録者数や再生回数、そのほか、さまざまな要因で変動するとされていますが、正確なところはハッキリわかりません。結果から読み取るしかないのです。ＹｏｕＴｕｂｅチャンネルの推定年収を算出するサイトなどもありますが、まったく参考になりません。興味本位で自分のチャンネル（１ＧＡＭＥ）の推定年収を見てみたところ、実際の売上と桁がひとつ違っていました。単純に１再生０・１円で計算しているため、そうなるのでしょう。世間で言われている単価は、１動画に１広告の場合を想定していると思われますが、１ＧＡＭＥのチャンネルはパチスロ実践番組がメインコンテンツなので、動画の尺が平均で40分から50分と長いのです。

前の章でお話させていただきましたが、ＹｏｕＴｕｂｅは10分を超える動画にミッドロール広告（中間広告）を挿入《そうにゅう》できる仕様です。広告を多く表示できるということは、それだけ１再生あたりの単価も上がるということです。

正確な数字は書けませんが、１ＧＡＭＥの動画再生単価は世間で言われている金額の５倍～10倍の間です。推定年収と大幅に乖離《かいり》するのはこのためだと思います。

ただ、だからと言って単純に動画の尺が長ければ良いとか、広告が多ければ良いということはありません。これもまた前述したとおり、動画の尺が長ければそれだけ視聴する気軽さは下がりますし（再生数の低下）、広告が多すぎれば視聴者の離脱（平均視聴時間の低下）に繋がります。単価を上げても、数量を下げてしまっては元も子もないのです。

それに、長尺の動画はそれだけ制作コストがかかります。３分の動画を１日で作って毎日10万再生取るのと、40分の動画を１週間かけて作って10万再生取るのとでは、単価に７倍の差をつけてやっと同等なのです。チャンネル登録者を増やして継続視聴者を増やそうと考えた場合、毎日の投稿で視聴習慣をつけやすい前者（短い動画）のほうが有利であるとも言えます。短くても長くても、視聴者は「面白い」と思った動画を観ます。

再生されない動画の単価を考えても皮算用になるだけなので、**まずはコンテンツの質を高めて再生数（数量）を増やしていくことが先決です**。

ちなみに１ＧＡＭＥの動画に挿入されるミッドロール広告は、10分から15分に１回で、内容的にキリの良いタイミングで表示されるよう設定しています。40分の動画だと先頭広告を含め、４回～５回程度表示される計算です。

この数字に設定している根拠は、一般的なテレビ番組のＣＭ挿入時間ですが、登録者１００万人を超える有名ユーチューバーの方も大体このくらいに設定しています。何でもかんでもテレビに合わせているだけだと思われるかもしれませんが、先人に倣《なら》っておけば大きな失敗はしません。テレビの影響力はまだまだ大きいのです。

Chapter 14

動画配信を始めるのに初期投資なんていらない

「動画配信をするために、初期投資はどのくらいかかりますか？」

こんなことをよく聞かれますが、その度に僕は「その質問をする時点で君は失敗すると思うからやめておいたほうが良いよ」と突き放しています。

ただ、本書は聞かれてもいないことを僕が勝手に、一方的に伝えることが趣旨なので、そんな身も蓋もないことは言わずにキチンと教えます。

とても大事なことなので、他の章は読み飛ばしたとしても、ここだけは覚えてください。

動画配信に限らず、インターネットビジネスは初期費用を抑えることがとても簡単です。

必要なものはこの3つだけ。

・パソコン

・スマートフォン
・インターネット回線

今の時代、ほとんどの人が持っていると思いますし、動画配信ビジネスを始めようと思うような人が、この3つを持っていないことはまずないでしょう。

撮影に必要な基本的な機能はスマートフォンがすべて持っています。

編集に必要な機能はパソコンでフリーソフトをダウンロードすれば十分。

投稿に必要な回線は自宅や職場、フリーWi-Fi。今やどこにでもあります。

最初の内は、機材に高い性能は必要ありません。

「ゲーム実況をしたいならゲーム機が必要じゃないか」というようなツッコミが飛んできそうですが、ゲーム機を持っていない人が急にゲーム実況をしたとしても成功する確率は低いと思うので、初期投資の概念からは省きます（絶対成功しないとは断言しません）。

よくある勘違いとしては、既存の動画配信者が使用している機材を真似る方法です。

撮影用のカメラを買い、収音用のマイクを買い、多機能な編集ソフトを買い、最終的には高性能のパソコンまで買い始める。

これでは動画を配信した時点で赤字スタートです。しかも相当額の。

何がヒットするかわからない動画ビジネスで、最初にお金を使う行為はお勧めしません。

使うのは自分の労力だけで十分です。

「ソフトウェア開発会社を作るぞ！」と考えた人が、いきなり大きいオフィスを借り、大量の社員を雇い、各々にデスクとパソコンを支給して「準備ＯＫだ！　さあ何を作ろう！」と言い始めたら、恐らく１００人中１００人が「この人は馬鹿なのだろうな」と思うことでしょう。これは極端な例ですし、普通の人はそこまでの開業資金を用意することはできませんが、小規模なインターネットビジネスでもまったく同じです。

最初からフル装備で挑む必要なんてありません。

とにかく最初はコストを抑える。

「1円たりとも使ってなるものか」という気持ちで始めてください。

僕がパチスロ実践動画を始めた時は、必要な機材はすべて他人から借りました。

マイクは個人で所有していた数千円の安物。

無線機材なんて持っていないので、すべて有線。

広いパチンコホール内を、ケーブルを引きずって撮影しました。

撮影に使ったお金は交通費だけです。

高性能のカメラを借りられる時もあれば、家庭用ハンディカムしか借りられない時もあったので、チャンネル開設当初は番組によって画質と音質がバラバラ。他所《よそ》のパチスロ実践チャンネルに比べ、明らかに動画の品質は低かったと思います。

ただ、再生数は付きました。YouTubeの視聴者は、キレイに撮れている動画よりも、インパクトや内容を重視します。どんなに安い機材でお金をかけずに撮影しても、内容が面白ければ観てくれます。

ちなみに動画を編集したソフトはフリー（無料）ソフト。

編集作業はメンバー各々が、本業の合間に自宅で行いました。

この「とにかくお金をかけない」というやり方は、僕がブログで広告収益を得ていた経験から学んだものです。

得られる収益が未知数なものに対して、大切なお金を使ってはいけません。

いずれはお金を使わなければいけない時が来ます（作業の効率化など）が、その時はすでに投資に見合う収益を得ているので、簡単にペイできます。

赤字にはなりません。

赤字にさえならなければ、理論上はいつまでも活動を続けられます。

Chapter 15

宣伝費はSNSや無料サービスを活用して必ずタダにせよ！

たまに、動画の再生数を稼ぐために広告費を投入する人がいますが、僕はこの考え方には反対です。ＹｏｕＴｕｂｅには動画を「宣伝する」ためのサービスもありますし、有名ユーチューバーに「仕事としての共演（コラボ）」を依頼する方法もあります。まとめサイトに依頼することも可能ですし、お金を払えばいくらでも宣伝できます。

ただ、一時的に数字は取れるかもしれませんが、視聴者も馬鹿ではありません。質が追い付いていないコンテンツを継続視聴などするワケがありません。

10万再生分の広告費を使い、10万再生分の広告収益を得るでは、中抜きを考えたら半分も回収できません。広告を出した時点で赤字確定です。

無名から有名になるための「先行投資」として考える人も多いかと思いますが、僕はその考え方を前の項で否定しています。大富豪の道楽でもない限り、将来的な収益が未知数なものに対して高いお金を使ってはいけないのです。実力の伴わない数字は無意味です。

そんなことをしている暇があったら、**無料で使えるサービスをフル活用して売名活動をしましょう**。今の時代、ＴｗｉｔｔｅｒやＦａｃｅｂｏｏｋ、Ｉｎｓｔａｇｒａｍやブログなど、無料で使えて拡散性の高いサービスは山ほどあります。

僕の場合はブログで知名度を上げてから動画投稿を始めましたが、自分が新たに育てたいと思ったメディア（ここでは動画）の数字が伸びないなら、何か別の方法を探して売名し、そのメディアに興味を持たせるところから始める方法が良いと思います。

売名はタダでできます。やろうと思ってやれるものではありませんし、何かをしてそれが成功するという保証もありませんが、楽をして数字を買うよりは１００倍自分のためになると思います。何をやったら話題になるのかをひたすら考え、試し、どうすればコンテンツの数字が伸びるのか数字を睨《にら》んで研究し、失敗を繰り返しながら学んでいけば良いと思うのです。**何しろ、全部タダでできますから**。

どうやったら注目してもらえるのかを考え続け、実行し続けるというのは、それだけで良いコンテンツ作りに繋がります。現に僕も、１ＧＡＭＥに加入したばかりの頃は何をすれば良いのかわからず、とりあえずタダでできることを全部やろうと考えました。

その頃の努力がなければ、たとえ同じ状況（チャンネル登録者40万人）に放り込まれたとしても、今と同じように再生回数や視聴時間を維持することはできないと思います。

思い付いたことは何でもやって、失敗して失敗して、その都度どうすれば正解だったのかを考えて修正してまた失敗する——これを繰り返していれば、誰でもある程度は数字を取ることができます。**キレイ事ではなく「継続は力なり」は本当なのです。**

もちろん、僕の考え方が正しいとは言いません。広告を打ったりチャンネルそのものを購入したり、お金を使って初速を稼ぐという手段もひとつの正解なのかもしれません。

10を11にすることは比較的簡単ですが、0を1にするのは本当にエネルギーと手間がかかるのです。その工程をすっ飛ばすという選択肢は、ビジネスという点だけ見ればむしろ僕のやり方よりも正しいのかもしれません。

しかし、それでも僕は努力の工程を飛ばすことには否定的です。動画投稿はビジネスですが、心からビジネスマンになってしまうと、面白いものは作れないと思うのです。

根性論や精神論を語りたいワケではなく、**自ら確立した方法論は、徹底的な自己分析から導き出された回答です。**上手くいったことひとつ取っても「なぜ上手くいったのか」が、ある程度わかるのです。ここが一番大きいと思います。

なぜ上手くいったのかが分析できていれば、次も上手くいく可能性は非常に高い。安易な宣伝に走ると、この「経験」という財産を得られないような気がしてならないのです。

もちろん、いずれ数字を飛躍的に伸ばすための投資が効果的になるタイミングが訪れます。コンテンツが一定の水準まで成熟し、安定した視聴者を確保し、赤字にならない十分な収益が得られてから、10を20にするための投資をするのであれば否定はしません。

よくあるSNSを使った「プレゼントキャンペーン」（拡散を条件に視聴者にプレゼントを贈る企画）などは、既存の視聴者の力で新規の視聴者を呼び込む、非常に効果的な投資です。ただ、その際も先行投資ではなくスポンサーを付けるか余剰資金でやるべきだという考えに変わりはありません。**とにかく僕は、赤字が大嫌いなのです。**

まとめると、コンテンツの宣伝に関しては先行投資などしなくても、無料のサービスを使い倒すだけで何とかなります。これだけは間違いありません。

そして、最近のYouTubeは登録者の少ないチャンネルの動画に対して積極的に加点し、上位表示させる方向に動いています（恐らくメディアを増やすため）。努力した宣伝の成果は、一昔前に比べれば格段に出やすくなっていると思いますよ。

Chapter 16

制作費は人さまに出してもらい数千円でも絶対に自腹は切るな！

個人での小規模な動画投稿であれば、番組制作費など高が知れています。ＰＣやスマホをすでに持っているのであれば、かかるお金としては通信費や電気代、それ以外にかかるとすれば、小道具の購入費やロケ用の交通費くらいでしょう。前章で書いたとおり、特別な機材が必要になった場合もレンタルで数千円です。

では、本格的な番組作りを目指した場合はどうでしょう。タレント、カメラマン、編集員の人件費に加え、各人に作業環境を提供するための費用。複数のチームで動く場合は、人員やスケジュールを調整するマネージャーも必要です。こうなってくると、番組１本あたりの制作費は安くても5万円前後。特に数十分の長尺番組をメインにしようとすればスタッフの拘束時間も長くなるため、10万円から15万円はかかってきます。さて、この大金をどこから捻出しましょう。答えは簡単。**人さまに出してもらえば良いのです。**

ＹｏｕＴｕｂｅに動画を投稿すれば広告費で収益を得られますが、前述したとおり、その数字は常に不安定で未知数。フワフワした数字をアテにして予算を組むのは怖いことです。**必ずかかるお金は、必ず入るお金で賄《まかな》う。これが一番の安牌《あんパイ》です。**

問題は、その「必ず入るお金」をどうやって作り出すか。これは作ろうとする番組のジャンルや内容によって異なりますが、**基本は「スポンサーを付ける」という考え方です。**

インターネットに何かしらの情報を発信する場合、大なり小なり、何かしらの宣伝効果が必ず発生します。その宣伝効果を売るのです。

例えば「商店街の食べ歩き」のような番組を作るとして、カメラマンの人件費が2万円としましょう。タレント役と編集は自分で行う場合、制作費は2万円プラス交通費。高額ではないので、このくらいであれば自腹で払ってＹｏｕＴｕｂｅからの広告収益を期待すれば良いのではないかという考え方をする人が多いと思いますが、僕は違います。

4軒食べ歩く場合、4軒から5千円ずつ集めます。端数《はすう》の交通費も、一番尺の長いお店から取るか、案分して１００％ペイします。**自分のお金は一切使いません。**

営業的な手間は発生しますが、それは番組を大きくしていく過程で必ず通る道です。制作費が安いうちから、すべてを有料にして予算を組む習慣を付けるのです。最初からすべてを有料にしておかないと、後になってから必ず「有料化」の日がやってきます。その時になって有料化の理由を説明して納得してもらう羽目になるより、最初から「制作費を集める」という理由で有料化しているほうが楽なのです。無料だったものが有料に変わる瞬間に生まれる不公平感は、値上げなどとは比にならないほど大きなものです。

コンテンツ制作はなあなあで始めず、**数千円のような少額でも「絶対に自腹を切らない」という強い意志を持って臨んでください**。徹底して自腹を避ければ「赤字」という最悪の自体を常に回避することが可能なため、「儲からないからやめた」のような意味不明な理由でコンテンツ制作を断念することがなくなります。何かを作り始めたなら、やめる時は「作りたくなくなったから」であるべきです。「作れなくなった」を理由にやめてはいけません。

1GAMEで僕が配信する動画は「パチンコ店でパチスロ機を実践する」という内容がメインです。収録は必ずパチンコ店でのロケとなるため、収録を行うお店の宣伝になります。公開収録当日の集客効果もありますし、動画公開時にはお店の外観や店内の様子も多くの人の目に触れます。そのため、収録するパチンコ店に「宣伝費」として番組制作費を負担してもらうことが可能なのです。交通費も宿泊費もすべて負担してもらいます。

よく「パチンコ店での番組収録」はその費用（ギャラ）自体で儲けていると思われていますが、案外そうではないのです。他メディアの制作費の内訳や宣伝費の請求金額までは知りませんが、少なくとも1GAMEでは違います。

具体的な金額の開示は避けますが、動画1本の制作費と収録店舗から代理店経由で受け取る宣伝費は〝ニアリー・イコール〟。そこで儲けを出してはいないのです。あくまで「タダで番組を作らせてもらっている」くらいの金額設定。実践動画は尺が長く、係わるスタッフも多いため、制作費が数十万円と大きくなるのは仕方のないことなのです。

パチンコ・パチスロ系メディアは制作費を請求するのが「当たり前」の世界だから楽じゃないかという声が聞こえてきそうですが、それはむしろ逆です。

パチンコ系のチャンネルは「視聴層」や「やること」が限られている上にライバルの多いレッドオーシャンで、長く運営しているメディアが本当に強い。当然、パチンコ店は宣伝効果が高いメディアにしかお金を払いたくないので、強豪だらけの中で知名度を上げ、妥当な制作費を請求するまでに至ることは、今や至難の業《わざ》なのです。

僕はそこを売名活動でクリアしました。動画以外の分野でパチンコ業界に1GAMEの名前を広めていたことで、メディアとしてのスタートを切りやすくなったのです。

Chapter 17

大きな成功を目指すより失敗のリスクを潰すほうに頭を使え

本章を最初から順番に読んでくれている方にとっては当たり前の話に聞こえるかもしれませんが、動画コンテンツを制作する上で原価ラインの突破目標は、極端な話「再生回数0回」に設定すべきなのです。たとえYouTubeからの広告収益が0でも赤字にならないよう運営できるような体制作りが肝要《かんよう》であり、不安定で不確実な動画再生による収益はすべて「利益」になるよう設定することで、YouTube側の仕様変更や広告収益の単価変動に一切影響されず、コンテンツ制作に集中することが可能です。

当然、再生回数が0回であればスポンサーは離れますし、制作費が捻出できなければ既存の番組形態を維持することは困難になります。その場合は規模を縮小すれば良いだけの話で、身の丈《たけ》に合った番組制作に取り組めば良いのです。再生回数0回の実力で、規模の大きい番組を作ろうと考える方がそもそもおかしいのです。

1GAMEには初期から「メンバーに安定した収入と生活を与えたい」という僕の目標があり、動画制作スタッフは僕の本業の法人で正社員として雇用しています。

カメラマンや編集員、マネージャーとして1GAMEの番組制作に携わる傍ら、他の部署でも通用するようスキルアップに励んでもらっているため、たとえ動画制作の規模を縮小する日が来たとしても、メンバーが職に困らない体制は整っているのです。

1GAMEにはよく「メンバーに加入させてください」というような問い合わせがありますが、余程の逸材だと感じない限りお断りしています。スタッフは社会保障のしっかりした正社員で雇用するという僕の方針上、安易なメンバー加入はさせられないのです。正社員として雇用する以上、簡単にクビにすることはできないので、人選は慎重に行っています。

制作費の捻出で精一杯だった初期とは違い、今では**年間でYouTubeから1億円以上の広告収益があり、パチンコ店に請求する金額（制作費）の数倍の利益が出ている**ため、多少数字が落ちたとしてもビクともしない余裕はあります。

しかし、たとえ何億円の余裕があったとしても僕は赤字が嫌いです。今後も急激にスタッフを増員するようなことはないでしょうし、新たな分野に挑戦するとしても、小規模な試験運用の後、確実に採算が取れるという確証を得てから本格的に着手します。

業績が伸びると多方面に手を出す人がいますが、僕はそういうやり方はしません。大失敗することが怖いのです。本書を読んで僕に対するイメージが「セコイ人」になった人も多いと思いますが、そのイメージは間違っていません。僕はセコイ人です。大きな成功を目指すより、**可能な限り失敗のリスクを潰すほうに頭を使います。**大言壮語《たいげんそうご》でビッグマウスな「1GAMEのてつ」というキャラクターと、本書を執筆している「てつの中の人」は別人であり、**ひたすら石橋を叩いて渡る心配性のケチが本来の僕なのです。**

YouTubeに動画を投稿して大金を稼ぐユーチューバーというと、派手で破天荒なイメージを持たれる方が多いと思いますが、小心な僕のやり方は究極に地味です。

大金を得ることよりも赤字にならないこと。成功したければリスクを取れと教える人も多いですが、僕はリスクを取らないように努めることを勧めます。「自分たちがやりたいことをやる」が優先順位として1位なので、お金がなくなって好きなことができなくなるということが、この上なく不幸だと考えているためです。

メンバー全員が安定した収入を得て、余計な心配をせずに好きなことに好きなだけ没頭できる環境を作ること。そして何より僕自身が楽しむことが、僕にとっての成功なのです。

地味でしょう？　**でも地味で良いと思うのです。**地味な方法でＹｏｕＴｕｂｅから莫大な利益を得ることに成功し、お金に余裕ができたことで１ＧＡＭＥはいろいろなことに挑戦していろいろな遊びができるようになりました。「利益は出ないけど面白そう」ということに、積極的に時間とお金を使えるようになったのです。

典型的な例としては、量販店『ドン・キホーテ』さんとコラボしたオリジナルグッズ販売。パチンコ店に入れないファン層向けに、東京で２回、札幌で１回、福岡で１回、サイン会と写真撮影会を兼ねたグッズ販売イベントを行いました。「グッズ販売」と言うと「儲け」を想像する方が多いと思いますが、実際には大した利益にはなっていません。数百円〜数千円程度の低単価グッズを「完売」を見越した数量で店頭販売するとなったら、人件費やデザイン費、その他諸々を考慮すると収支的にはプラスマイナス０程度です。儲けにはなりません。でも儲けにならなくても良いのです。

金銭的な利益は動画の広告収益で十分に取れているので、自分たちが面白そうだと感じ、ファンの人たちに満足してもらえる遊びを思う存分実行できるのであれば、その経験自体が利益なのだと、僕は思うからです。繰り返しになりますが「自分たちがやりたいことをやる」が最優先なのです。それでも赤字だけは出さないように予算を組みますけどね。

Chapter 18

メディアに価値が出たら企業案件で収益を上乗せできる

ユーチューバーの人たちがたまに口にする「企業案件」というフレーズを聞いたことはありませんか？　インフルエンサーとして認められたメディアには、企業からＣＭの依頼が来るようになります。商品の紹介やサービスの周知を目的とした動画や記事の依頼が来る場合もありますし、ステルスマーケティングの依頼もあります。

これがモノによってはとんでもない金額です。１本の動画をアップロードするだけで、場合によっては数百万円という大金が1発で入ってきます。再生による収益もプラスすると、恐ろしい金額になるのは想像に難くないでしょう。

安定収入が欲しい中堅クラスのユーチューバーにとっては、広告収益よりも企業案件に魅力を感じる方が多く、そのために事務所（前述のＭＣＮ）入りする方も多いようです。

事務所入りすると、チャンネルの広告収益の一部を徴収される代わりに案件を回してもらえる可能性が高まります。メリットは大きいですよね。

ひと昔前であれば、こういったプロモーションのお仕事は芸能人のものでしたが、インターネットが普及した今の時代は素人メディアでも受けられるのです。

商品やサービスの内容によっては、下手な芸能人を使って高額なテレビCMを打つよりも費用対効果が高い場合もあり、仕事は山ほどあります。

皆さんが何気なく閲覧しているYouTube動画も、企業からの依頼を受けて制作されたコマーシャル用の動画だったりします。もちろんステルスマーケティングとしての依頼であればCMだとわからないように工夫されていますし、楽しんで観ているのであればいちいち気にする必要のない話なので「へえ」くらいの認識で問題ありません。

ただ、そういう「仕事」があるということを覚えておいてください。

パチンコ業界の場合も、遊技機メーカーからの新台プロモーションのような仕事がありますこういう仕事もひと昔前であれば、出版社に所属する攻略ライターさんのような「プロ」への依頼が主でしたが、最近では僕たちのような素人上がりのYouTubeチャンネルにも仕事が回ってきます。すごい時代になったなと感じます。

インターネットという環境においてはプロと素人の境界線は曖昧《あいまい》です。数字を持ってさえいれば、仕事は舞い込んできます。

当然、仕事の内容を選ばないとメディアの価値を落とすことになるので慎重に選ばなければなりませんが、違和感のない範囲で受けられる仕事であれば、これほど爆発的に収益を伸ばすチャンスはありません。メディアが成長すると、物事はどんどん良い方向に転がります。

1．広告収益が安定する
2．企業案件が舞い込むようになる
3．実績を積めばさらなる高額な仕事を受けられるようになる
4．そこで得たお金を元手として次の施策《しさく》に踏み出せる
5．元のメディアが強いと次の施策も初速が速い
6．初速が速ければ簡単に成長する（1に戻る）

このループが起きます。厳密に言えばスパイラルでしょうか。これを元手0円で、自分の好きなことをやっているだけの状態から作り上げることができるのが、インターネットの強みです。

僕が活動しているパチンコ・パチスロジャンルの場合、ユーザー層に限りがあることから仕事の幅は狭いですが、世の中はありとあらゆるジャンルで溢れています。対象年齢の広いゲーム実況やレビュー系の場合、仕事は特に多いでしょう。

人気ジャンルはすでに強豪ひしめく状態ですが、自分が本当に好きなことであれば、情報発信は苦にならないハズです。地味な方法で赤字を出さないようにメディアを立ち上げ、コツコツと成長させ、いずれは自分の好きなことで収益を得る。

収益を得たら、自分の好きなことを増やす。
好きなことが増えたら、やりたいことも増える。
やりたいことが増えたら、収益を利用して実行する。

僕自身、この状態になって初めて「好きなことで生きていく」というフレーズがくだらないものではなかったと実感しました。夢物語どころか、かなり現実的なのです。

余談ですが、ＹｏｕＴｕｂｅ系の有名事務所に所属して仕事をもらいながらの活動を希望する場合、パチンコ系のような18禁コンテンツ（閲覧は18禁でなくても）は避けましょう。有名事務所は大企業の仕事を扱うため、加入対象外となる場合が多いからです。ただ、仕事を狙うよりは自分の好きなことをやった方が成功する確率は高いと思いますけどね。

Chapter 19

面倒な上に重要な仕事は他人にすべて任せろ

メディアを運営するようになると、どうしてもコンテンツ作りとは無関係な雑務が増えます。どんな仕事でも同じですよね。面倒なことがどんどん出てきます。パチスロの実践動画を制作する場合、メインとなる作業は次のようなものです。

・タレントの演技
・現場の撮影
・動画の編集、及びデバッグ
・告知などのＷＥＢ運営

これ以外の仕事はすべて「面倒なこと」と言っても過言ではありません。規模が小さければどれもひとりでできることなので、最小限で最重要という作業です。では、コンテンツ制作と無関係な作業とはどういったものがあるでしょう。

・収録地との交渉、契約

・ロケスケジュールの調整

・宿泊施設等の予約

これ以外にも山ほどありますが、特に手間がかかるものを挙げました。

まず収録地との交渉ですが、これは言ってしまえば営業的な仕事です。収録依頼に対しての金額的な交渉や、収録日の調整、契約などが該当します。また、当日の収録が円滑に行えるよう、ロケ先となるパチンコ店の設備や開店時の入場方法などを事前に調べてまとめておくようなことも必要になります。

次にロケスケジュール調整。お仕事の依頼が多くなると、タレントや編集員のスケジュールはどんどん過密になります。制作スケジュールを考慮しつつ、数か月先までのロケ日を調整する必要があるため、作業量としては膨大です。

宿泊施設などの予約はロケスケジュール調整に付随するものですが、複数のタレントやカメラマンを前日滞在先からの移動手段や移動時間までをも考慮した上で、確実に当日のロケ先に現地入りできるよう段取る必要があります。急な予定変更にも対応しなければならないため、責任重大です。

こういった「面倒な上に重要な仕事」というものは、配信ビジネスが上手くいけばいくほど増えていくもので、避けて通ることはできません。

発生する作業の内容はコンテンツのジャンルによって異なりますが、制作と無関係な作業は必ず増えます。

一番の解決策は**「他人にすべて任せること」**だと、僕は考えます。

しかし、営業担当のような人材を雇用するというのは少し難しい。なぜなら、忙しくない内は自分でできることを「忙しくなってから」他人に任せなければ無駄だからです。

いつ忙しくなるかは一切不明。この状態で人を雇うということは、ＹｏｕＴｕｂｅからの広告費を期待して高額な制作費を捻出する方法と何ら変わりありません。

収益予想が立たないコンテンツ配信ビジネスで、先行投資ほど危険なことはないと、本章ですでに述べています。そして、忙しくなってから都合良く人材を雇用しようとしても、責任重大な作業です。

教育や引継ぎが間に合うハズがありません。

僕はこの問題を、**代理店と専属契約を締結することで解消しました。**

代理店という企業は、営業に長《た》けた人材の集まりです。交渉に関してはプロなので、ロケ先との細々としたやり取りはもちろんのこと、スケジュールの調整や宿泊施設の手配まで、数か月先まで見越した上ですべてスムーズに段取りしてくれます。僕たちは雑務に悩まされることなく、コンテンツ制作に専念できるようになりました。

当然、代理店も商売なので利益を得なければなりません。どうしているかというと、僕たちのお仕事を販売する際に、代理店の手数料を上乗せして販売してもらっています。

一般的なビジネスのやり方ですが、この方法を採るとロケのお仕事に対する一切合切の手間がなくなる上に、コンテンツ制作サイドの人件費的な先行投資がなくなります。

また、代理店のコネクションで仕事の幅も広がり、チャンスも広がります。

デメリットとしては、人気が爆発して仕事量が膨大になった時に、「(代理店ではなく)自分で人を雇ったほうが結果的に儲かったのに!」という精神状態になることです。

ここは人それぞれ考え方が違う部分なので「この方法が正解です」とは言えません。確実に仕事が増えるという確固たる自信があれば、リスクを取ってすべてを自前で完結したほうが最終的には儲かります。僕はリスクがなく、手間がかからず、制作費をペイできれば良いので、この方法を採りました。

Chapter 20

目先の利益を優先せずに創作活動の時は常に万全の状態で

僕が動画制作チームに出している作戦名は、常に「いのちだいじに」。

ドラクエをやったことがない人向けに言い直すと「絶対に無理をするな」ということで、如何なる場合でも体調不良の状態や疲労が溜まった状態で働いてはならないと命じています。これはリーダーである僕の「命令」です。お願いや方針ではありません。

また、パートナーや子供がいる場合、家庭の事情を最優先すること。これも命令です。

これにはいろいろと理由がありますが、**まずは僕の中の優先順位が「視聴者」や「売上」よりも、「仲間」のほうが高いという理由です。**

1GAMEの動画制作チームは1円にもならない活動をしていた頃から協力してくれた人間が大半であり、信用できる人間の集まりです。**そういう仲間に無理をさせてまで、僕**

は売上を上げようとは思いません。広告単価が高く、連休で暇な人が多い「おいしい時期」でも、体調不良や家庭の事情で休みたい人間が出た時点で、動画更新スケジュールは遅らせます。視聴者から文句が出ても遅らせます。

共に活動してきたメンバーに無理をさせてまでお金を稼ぐ必要や、視聴者を楽しませる必要はないと思っている。これがひとつ目。

次に、**クオリティの担保**。

動画制作はクリエイティブな仕事です。YouTubeの動画なんて素人の「お遊び」程度に思っている方もいるかもしれませんし、たしかに素人の集まりで始めたことですが、コンテンツ作りは何であれ創作活動です。

疲れていたり、体調が悪かったり、心配事がある状態で、人を楽しませるモノを創れるとは、僕には思えません。**創作活動をする時は、常に万全の状態でなくてはならないというのが僕の持論なのです**。これがふたつ目。

最後は、**メンバーとしてではなく「従業員」として安心して働いてもらうこと**。

ビジネスとして売上を上げるということは、仕事であるということです。いくら知り合いの集まりであったとしても、仕事をして給与を支払っている以上は従業員です。

売上のために従業員に無理をさせるトップは、いつか必ず失敗する。これも僕の持論ですが、トップに対しての不信感というものは、組織にとって致命的です。**仲間を大事にしないトップからは、人が離れていきます。**

人が離れれば組織は機能しない。組織が機能しなければ作品は創れない。作品が創れなければ視聴者を楽しませることもできない。視聴者を楽しませることができなければ売上は上がらない。売上が上がらなければビジネスが成立しない。

ひとつ目の理由で述べた「仲間に無理をさせたくない」という感情論とは似て非なるビジネス的な理由が、3つ目の理由なのです。

「体調が悪いです」「帰れ」

「来週、子供の検診があって」「休んでカミさんに同行しろ」

「休日出勤しないと間に合いません」「スケジュール引き直せ」

だいたい、こんな感じです。

視聴習慣を付けるためにはコンテンツの更新頻度を高くし、維持することが重要ですが、状況次第では更新を止めます。

売上最優先の人には理解できないかもしれませんし、甘やかしていると感じる方もいるかもしれませんが、仲間最優先のスタイルは良い結果に繋がっていると確信しています。うちのトップは仲間に無理をさせないと信頼してもらうことができれば、人は能動的に行動するようになり、協力しあってどんどん能力と品質を高めてくれます。

これは最初の人選も重要ですが、僕は幸い、人に恵まれました。1GAMEがパチンコ・パチスロ系のYouTube媒体内で驚異的な成長率（2年半で業界3位まで浮上）を記録したことは、人に恵まれた運の要素が一番大きいと思っています。

動画をビジネス化しようと考えた時は、当時学生だったメンバーや無職だったメンバーに何とか定職を与えたいという思いがありましたが、蓋を開けてみればとんでもなく優秀な人材の集まりだったのです。

1GAMEの動画編集チームリーダー兼『妖回胴中記』のメイン編集員である通称**「ジャギ」**は、一緒にゲーセンに行くとボスである僕に対して一切の接待プレイをせずボコボコにしてくるような遠慮のないヤツですが、動画制作でも一切の妥協をせず、物怖じせず現場に要求を出してくる、常に手加減のない本気人間です。

タレント組のマネージャー兼カメラマンの通称**「りんのすけ」**は、社会人デビューしたばかりなのに取引先との交渉をキッチリこなし、現場ではタレントのモチベーションを高めてくれる、チームに欠かせない存在です。

1GAMEの創始者であり、現在は編集部の責任者である通称「AKKY」も、僕がどれだけ無茶な注文を出してもへこたれない、強靭なメンタルを持った真面目な男です。

規模の大きいコンテンツ制作は、ひとりではできません。

チームの力が何より重要なのです。

自分の仲間が満足していない環境や、楽しんでいない環境、安心できない環境で、他人を満足させるモノを創り続けることは不可能だと思います。

売上の低下や視聴者の離脱を覚悟してまで仲間を優先するということは、なかなかに勇気がいることだと思います。だって、ビジネスですから。

ただ、その結果は良い結果として返ってくる可能性が高いです。各自のパフォーマンスが上がり、モチベーションが上がり、自主的に行動するようになり、それらがすべて、数字として返ってきます。

人は財産なのです。

Chapter 21

「自分がやりたいこと」を「受け入れてもらう体制」を作れ

よく勘違いしている人がいますが、「好きなことをする」と「好きなようにする」は完全に別モノです。ここが区別できていないと、コンテンツ制作で結果を出せるようになる可能性は激減します。好きなことや得意なことでなければ成功は難しいですが、好きなことを好きなようにやっているだけでは、ただの自慰行為です。

ユーチューバーなんて「思い付きで適当に作った動画を投稿するだけ」の楽な仕事だと思っている人は考え方を改めたほうがいいでしょう。

情報発信者として第一線で活躍する方々は、マーケティングを最優先しています。コンテンツのターゲット層を見極め、再生数を伸ばすための工夫をしています。

自分が好きなジャンルで情報発信をしていても、まったく人気が出ず、まったく日の目を浴びない人に共通しているのは「自分が作りたいものを作っている」という点です。作りたいものを作るのではなく、**「ウケるものを作る」という考え方に変える必要があります。**

何よりも優先すべきは「利用者にウケるモノ」を作ること。自分が面白いと思うものではなく、他人が面白いと思うものを作らなければいけません。

もちろん、人気が出るためには「運」の要素もありますし、「何がウケるモノなのか」という判断基準は曖昧でありジャンルによっても異なります。しかし、前章で述べたようなアクセスアップのテクニックや市場調査から得たデータを駆使することで、「一定のレベル」までは誰でも到達可能であると、僕は考えます。

運の要素が絡んでブレイクするかしないかは、やれることをすべてやった先にあるものです。まずは自分のアイデアがどうこうではなく、先人の知恵やデータから導き出されたパターンを検証し、トライアンドエラーで試行錯誤することから始めましょう。

「作りたいモノより売れるモノ」という考え方を否定する人も多いと思います。特に音楽ジャンルでは顕著で、売れセン狙いのヒットソングを「売れているだけで中身がない」などと否定する人が多く見られます。音楽をやっている人に多いかもしれませんね。

気持ちはわかりますが、**最終的には売れた人が一番強いのです。**売れセンを狙っている人は、皆それを自覚しています。ただ、それはビジネスで成功してお金を得たいという理由だけではないでしょう。まずは無名を脱出して有名になるという考えだと思います。『メサイア』を作曲したゲオルク・フリードリヒ・ヘンデルも、曲の奥深さや専門性より「聴衆ウケ」を優先した人として有名です。ハレルヤを聴いたことがない人はいませんよね。無名な人と有名な人がまったく同じことをしても、有名な人のほうが何倍も有利です。

誤解のないよう断っておくと、無名な人がいきなり成功しないというワケではありません。作品の力だけで認められる人も大勢います。

僕が言いたいのは**「どちらがより効率が良いか」**という話です。

ＹｏｕＴｕｂｅで言えば、チャンネル登録１万人の人が作った作品と、10万人の人が作った作品では「人の目に留まる」確率が10倍違います。瞬間的にバズるケースもありますが、平均すれば登録者の多いほうが圧倒的に強い——これは間違いありません。

なので、まずは「自分がやりたいこと」を「受け入れてもらう体制」を作る必要があり、そのためには「ウケるモノ」を作ることに注力し、より多くの利用者に認知してもらうための努力をしなくてはなりません。

自分が本当にやりたいことは、売れた後にやれば良いのです。有名になれば活動のための資金も豊富になりますし、イヤな言い方をすると「何をやっても肯定される」状態を作ることまで可能になります。どうせ好きなことをやるなら、少人数を相手にするより大人数を相手にしたほうが、効率が良いと思いませんか？　僕はそう思います。

1GAMEも、本格的に実践動画を制作しようとした段階では「真面目な解説」を作ろうとしていました。僕自身がパチスロ機の専門的な話が好きだからです。しかし、徹底的に市場調査を行い「ウケるパターン」を見つけてからは、コメディ路線に振り切った番組作りを心掛けています。一部のマニアにしかウケないような専門的な番組を作るより、大勢を笑わせる道化を演じたほうが、効率が良いという結論に至ったからです。

今ではコメディの合間に「専門的な内容を挟み込む」というスタイルで「自分がやりたいこと」を実現しています。その結果、より多くの人にパチスロの専門的な知識を提供できるようになり、それまでパチスロに興味がなかった人に興味を持たせ、新たな遊技人口として取り込むことに成功しています。動画という入り口を作ることができたわけです。最初から専門的な番組を作り、たかだか数千人程度を相手に自己満足していたら、その入り口を作ることはできなかったことでしょう。

やりたいことをやるために、まずはウケることを探して実行するのです。

Chapter 22

数字は意見よりも正直で一切の言い訳を拒絶する

YouTubeにはコメント機能があり、いろいろな意見が寄せられます。ひとつひとつがありがたいリアクションですし、意見を言ってもらえるということは喜ぶべきことです。

しかし、コンテンツ配信者はコメントで寄せられる意見を参考にしてはいけません。正確に言うと、コメント機能は「リアクションの傾向分析」に利用することが正しく、コンテンツ自体が意見の内容に左右されてはならないということです。

「こういう作風にすると、こういうリアクションが得られる」

内容から得る情報はこの程度にしておき、後は**「コメント数」でリアクションの「量」を測るだけで十分です。**

人によっては寄せられるコメントに真摯《しんし》に向き合って対応する人もいますが、その結果として良い方向に転んだ人を、僕は数名しか知りません。大抵の人は視聴者の意見に振り回されて、何が何だかよくわからなくなってしまいます。

視聴者の意見というのは、十人十色。感じ方は人によってさまざまです。そしてその意見は、いずれもコンテンツ配信経験のない素人意見。「こういう内容は好きではないからもっとこうしてくれ」のような意見を真に受けていては、コンテンツの芯がブレます。芯がブレたらコンテンツは終わりです。

そもそも、視聴者全員が納得する作品など、あり得ないのです。人の意見を参考にしないのであれば、一体何を参考にするか。それは数字です。

・再生回数
・視聴時間
・コメント数
・高評価数（低評価数）

ＹｏｕＴｕｂｅにはこれらを定量的に表示し、分析するためのアナリティクス機能が備わっており、積極的に活用することでコンテンツの質を高めることが可能です。

「人の意見を聞かずに数字だけ見る」と言うと冷たい印象を受けると思いますが、数字はすべてを語ってくれます。良いとも悪いとも言わず、結果だけを見せてくれるのです。

コメントで意見を投稿してくれる人は、全体で見ればごく一部です。チャンネル登録者数が40万人いて、１動画の月間再生数が平均で50万を超える僕の番組『妖回胴中記』でも、１動画あたりのコメント数は多くて１０００件程度。登録者を分母とすれば４００人にひとり。再生数を分母とすれば５００回に１件です。

残りの数字は「物言わぬ視聴者」であり、意識しなければならないのはこちらです。物言わぬ視聴者は何も言わずに訪れ、何も言わずに去ります。積極的に意見してくれる人たちに比べるとコンテンツと一定の距離を置いているため、反応は数字にだけ表れます。

タイトルやサムネイルのヒキが強ければ初動の再生数が伸び、内容が伴っていれば平均視聴時間が伸びて再生数は長いスパンで徐々に増える。

これがすべての基本ですが、数字は他の要因でも変動します。投稿時間や同一ジャンルの投稿者とのバッティング、題材（パチスロ機）の人気や時期的な要因（連休など）、さらには売上に直結する広告単価も常に変動するため、数字を睨《にら》み続ける必要があります。

何をどうしたらどこの数字がどう動くのか——これを把握することが何より重要なのです。

「面白かった」といくら褒められても、数字が下がっては意味がありません。物言わぬ視聴者が離れている証拠です。

「つまらない」といくら叩かれても、数字が上がれば結果オーライです。物言わぬ視聴者が訪れている証拠だからです。

タイトルのインパクトだけで稼いだ再生数が、その後のコンテンツに及ぼす影響も、きっちりと分析して把握できていれば何の問題もありません。

例えば、刺激的なタイトルで数字を稼ぎ、一時的な再生数を伸ばす行為。これは大抵の場合、コメント欄が荒れて評価が下がります。しかし慌てる必要はありません。コメントで非難を浴びても、一切気にする必要はありません。データだけを分析してください。

長期的にグラフが右肩上がりになっていれば、その施策は成功ということです。逆に、次のコンテンツにまで悪影響を及ぼしている（グラフが下がる）と判断した場合、軌道修正する必要があるでしょう。結果はすべて数字に表れます。

数字は何よりも正直で、一切の言い訳を拒絶します。

数字を直視することに比べれば、人の意見を反映して褒められたほうが何倍も楽だと感じるでしょう。

しかし、僕は苦痛を伴ってでも数字を直視し続けることをお勧めします。

Chapter 23

勝ち続ければお金は後からついてくる

動画配信はビジネスなので、お金（売上）は大事です。しかし、最初からお金のことばかり考えていては邪念で目が曇りますし、良いことは何もありません。

自分自身の労力以外の赤字が出ていないのであれば、お金を追うのではなく「数字」を追い続けたほうがいいでしょう。ここで言う数字とは、コンテンツの評価を表す「チャンネル登録者数」や「再生数」といったものです。

最初から広告単価や効果的な収益獲得方法を模索したところで、所詮は絵に描いた餅。考えるだけ無駄な、捕らぬ狸の皮算用なのです。

そんなことに時間や脳味噌のリソース（資源）を食われるぐらいなら、どうやったら視聴者を増やせるかということに使ったほうが何倍も有益です。

商売っ気は頭から外し、アーティストやコメディアンのように、ひたすら目立つ方法と視聴者を満足させる方法を模索する。最初はこれが最も大事です。

数字が伸びていけば、放っておいても仕事は舞い込んできます。今の時代、インフルエンサーは仕事に困りません。影響力を持つ人は、その影響力自体がスキルなのです。最初は低予算で自分ひとりか、志を共にしてくれる仲間数人でひたすらコンテンツを発信し続けるのです。その過程で徹底的に数字を分析し、市場調査をし、さらに発信を繰り返す。

お金のことなんて、考えているヒマはありません。どんどん需要とコンテンツがマッチしていき、質が高まり、アクセスアップなどのスキルも獲得し、プロモーションのコツもわかってくる。そうして数字を築き上げた時には、勝手にお金が降ってきます。これは比喩ではなく、**影響力の増加に伴ってお金は勝手に転がり込んでくるのです**。ＹｏｕＴｕｂｅからの広告収益、企業からのプロモーション依頼、イベントへの招致――次から次へと、大金が転がり込んできます。

「自分はいつの間にこんなに稼いでいたのだろう」

大体、成功した人はこんな感じだと思います。実際、僕がそうでした。

最初はとにかく目立つために騒ぎを起こし、過激な内容で人を惹きつけ、試行錯誤を繰り返し、そこから得た数値データを基に、微調整してさらに数字を伸ばしていく。

その過程で必要なことと不要なことが洗い出されていき、いずれ必要なことだけを選んで実行するようになります。最初は見えなかったことが、見えてくるのです。

僕のやり方は少々過激ですが、数字の取り方は人それぞれです。

スポーツの戦法ひとつ取ってもさまざまなように、正解はひとつではありませんし、時代によっても変わります。しかし、**共通することは徹底的な基礎トレーニングと勝因、敗因分析**。ユーチューバーと聞くと楽に金を稼げる理想の仕事と思われがちですが、やっていることはスポーツ選手と似たようなものです。

お金目当てでスポーツを始め、トッププレイヤーとなった「将来のギャランティ」のことを具体的に考える人は少ないでしょう。妄想はするかもしれませんが、算盤《そろばん》を弾《はじ》く暇があればトレーニングをして試合に勝つことを考えると思います。

まずは試合に出場してコテンパンに負けること。勝つために何をすれば良いのかだけを考え、実行すること。他のチームやプレイヤーを徹底的に分析すること。ひとつの勝ち（目標達成）を次の勝ちに繋げ、さらに勝ちを重ねていくこと。

勝ち続ければ、お金は後から勝手についてきます。

第4章　悩み解決の巻

好きなことを続けるために「影響力」を持つ存在になれ!

Chapter 24

実践動画1本を作るのに6日間もかかる理由

動画を収録し、編集して公開するという作業は、経験のない人にはどのくらいの作業ボリュームなのか想像もつかないと思います。

動画のジャンルやタイプによって作業内容は異なりますし、人によってやり方もさまざまだと思いますので、ここでは1GAMEのパチスロ実践動画制作にかかる工数《こうすう》（総累計時間）についてのみお話をさせていただきます。あくまで一例としてお考えください。

本書を手に取っていただいた方の中には、実際に僕の動画をご覧になったことがないという方も含まれていると思いますので、簡単に作業の概要を説明させていただくと、パチンコホールでパチンコ機やパチスロ機を遊技し、その模様を撮影。その後、6時間から8時間程度の録画データを平均40分の尺に短縮カットし、番組の内容やトークの内容に合わせた演出やテロップを入れる編集を行い、デバッグ（バグの修正）をして完成です。結論から言うと、1本の動画を制作するのに平均で6日かかります。内訳は次のとおり。

・ロケ収録（1日）
・荒《あら》編集（1日）
・本編集（3日）
・テロップ入れ（1日）

動画の尺や内容によっては作業工数が変動しますし、各番組の制作チームによっても微妙に異なりますが、制作スケジュールは概ねこのくらいで引いています。

各作業の説明をすると、まずロケ収録。これはそのままですね。タレントとカメラマンがペアとなり、パチンコホールの開店から6時間から8時間の間で収録を行います。ロケ地によっては移動を含め2日かかる場合もありますが、基本は1日で計算しています。

次に荒編集。これはカメラマンのメモを基に「必要になるであろうシーンを抽出」する作業です。「荒カット」や「ゴミ取り」と呼んだりもします。

台本のないパチスロ実践動画では、基本的に収録中はカメラが回りっぱなしです。そのため、録画データには明らかに不必要なシーンが多く含まれます。実践の手を止めての打ち合わせや、簡単なネタ練習。まったく当たる気配もなく、喋ってもいない無意味なシーン。それらをすべてカットし、本編で採用される可能性の高いシーンのみを抽出します。この工程で、動画は約1時間半から2時間程度まで短縮され、次のような素材が残ります。

・オープニング
・意味のあるトーク（ネタなど）
・大当たりしそうなシーン
・大当たりするシーン
・エンディング

この素材を基に「本編集」の作業に入るのですが、編集員はこの段階で初めて番組の「演出」を企画することになります。実践の内容とトーク内容をテンポ良く短縮化して組み合わせ、40分間、視聴者を飽きさせないための見せ方を考えるのです。

パチスロ機の解説や、タレントのボケに対するツッコミ——非常にデリケートな作業であり、動画のクオリティを左右する重要な作業です。

また、収録内容の良し悪し（撮れ高）によって難易度も変わるため、パチスロ機の見せ場も少なくトークも冴えない回の場合、編集者は非常に苦しむことになります。場合によっては補足映像を別撮りし、スケジュールを伸ばすこともあります。

本編集が終了すれば番組としては完成です。と言いたいところですが、作業はまだ残っています。物量戦となる、テロップ入れの作業です。

本編集の段階でボケや重要となるセリフの強調——俗に言う「テロップ芸」の作業は完了していますが、ここからはタレントのセリフを逐一テキスト化する作業です。

テレビ番組もそうですが、今の時代、タレントの喋った内容をテロップに起こすのは「当たり前」になっていて、テロップの有無によって視聴のしやすさが激変します。

テロップはセリフをただ追うだけでなく、語尾の乱れなどを調整する要約や、音の波形を見ながら発声のタイミングと文字の表示をピタリと一致させる必要があります。動画の尺が1時間を超える大ボリュームとなった場合、恐ろしく手間のかかる作業となります。

これらの作業をすべて完了させ、やっと1本の動画が完成に至ります。

Chapter 25

動画のクオリティが下がるなら仕事の依頼は断れ！

動画1本を制作する手間について大雑把に説明させていただきましたが、思ったより時間がかかると感じた方もいるでしょうし、もっとかかると思った方もいると思います。

正直、初期はもっと時間がかかっていました。40分尺の動画を作るのに、1週間はかかっていたと思います。素人の集まりが手探りで始めたらそんなものです。何しろ最初は勝手がわかりません。収録中に一般の方が多く映り込んでしまい、顔を隠すためのモザイク処理に膨大な時間を費やしてしまったり、編集員同士のやり取りも作業フロー（流れ）が不安定で、3歩進んで2歩下がる状態のやり直しが発生したり、いろいろな失敗がありました。ロケ現場も編集現場も、数々の失敗を経て、今の作業フローが確立されています。

こうして作業効率もスピードも上がりましたが、1GAMEは未だに数か月前に収録した映像を公開しています（10月収録の映像を翌年1月に公開など）。これは作業の問題ではなく、人気が出始めた頃に仕事を受け過ぎた影響です。

これは僕の失敗なのですが、どう頑張っても1か月に6本しか制作できない番組のロケ依頼を、1か月に10本以上受けていました。そうすると編集の作業はどんどん溜まっていき、公開がどんどん後ろに倒れるということはわかっていましたが、**仕事の依頼が殺到することに慣れておらず、すべて受けてしまっていたのです。**

仕事がそうポンポンと簡単に入るとは思っておらず、「そのうち落ち着くだろうから今のうちに多めに撮っておこう」くらいに考えていましたが、完全に計算ミスでした。仕事の依頼は再生数が増えてチャンネルが成長するに伴って、加速度的に増えていきました。

こうなると完全にパンクです。日に日に収録と公開の間隔が開いていき、半年遅れまで見えてきました。これは焦ります。

本来、パチンコ・パチスロ実践動画というものは「新台」と呼ばれる新しい機械や、話題性の高い機械を多く取り扱ったほうが数字を取りやすいジャンルです。数か月前の映像を流し続けて1動画で平均50万再生を取ることは至難の業であり、結果こそ出ていますが本意ではありません。新しい映像を流したほうが得なのは、わかりきっていることですから。注文から納品まで2年待ちの、大人気包丁職人とはワケが違うのです。仕事が多いことは喜ばしいことですが、この先どうするべきかと頭を抱えました。

迫られたのは「妥協するか」「妥協しないか」の2択です。

正直、編集作業は妥協しようと思えばいくらでもできます。5日かかる作業も、妥協してしまえば2日〜3日で終わります。こだわりを捨てて効率重視に走るか否か。

例えばモザイク処理。これは本来、不要な作業です。画面に人が映り込んでしまおうが「お構いなし」というスタイルを採ることも可能でした。タレントを映すことを目的とした収録に一般の方が映り込もうが、肖像権的な問題は発生しないのです。

しかし、僕はモザイクを徹底する方針を変えませんでした。数十万人……下手をすれば数百万人の目に触れる1GAMEの動画に、個人を特定可能な「顔」という情報を出されることは僕なら絶対にイヤだと思ったからです。「別に良い」という人と「絶対にイヤ」という人が混在する可能性がある場合、イヤな人に基準を合わせるべきだと考えました。情報発信側の都合で、イヤな思いをする人を作りたくなかったのです。

次にテロップ入れ。タレントが喋った内容を書き起こす、膨大なテロップ入れ。これも不要と言ってしまえば不要です。動画には音声があるのですから、聞き取れれば良いと考えることも可能です。しかしここでも「可能な限り文字に起こす」という方針を変えませんでした。テレビ番組やユーチューバーのスタンダードに合わせたほうが「間違いない」と判断したためです。「やったほうが良いけどやらない」という選択肢は違うと思いました。

つまり、**最終的には「妥協しない」という方針を選択したことになります。**

この判断が良いことなのか悪いことなのか、正解はわかりません。わかりませんが、数字が右肩上がりということは、少なくとも「完全な間違いではない」と言えるでしょう。

1GAMEの動画はテロップ入れを徹底しているおかげで、動画の音量をゼロにしても内容を把握できるようになっています。聴覚に障害のある方から「いつも観ています」と声をかけられた時に、少なくとも「完全な間違い」ではなかったと思いました。

大は小を兼ねるという判断をすれば、大きな間違いはしません。しませんが、問題はその「大」が抱える負担をどうするかということです。

最終的に、僕は「収録回数を減らす」という判断をしました。現在では1番組あたり、1か月に多くて4本。少ない時は2本程度に抑えています。

クオリティを下げないために、仕事を断りまくっているのが現状です。おかげで収録から公開までのラグは現在では2か月程度まで短縮されています。

Chapter 26

1GAMEが求める人間はすでに自分で行動して戦っている

「動画の編集スピードを上げるために、スタッフを増やせばいいじゃないか」

前項を読んで、こう思った人は多いと思いますし、僕もそう思います。人が多いほうがトラブルのフォローもしやすいし、こなせる仕事も増えます。しかし、物事はそう簡単にはいかないのです。人を増やすのは本当に難しい。

チャンネル開設当初は編集スタッフ2名だった1GAMEも、現在では非常勤含め6名体制の3チームで編集しています。動画制作経験のない方は「もっとガンガン増やせ」と思うかもしれませんが、増やそうにもそう簡単には増やせないのです。

人件費の問題ではありません。お金には余裕があります。問題は大きく3つ。

ひとつ目は、**番組の「テイスト」の問題**です。例えば僕の番組『妖回胴中記』は、試行錯誤の結果、「初期チーム（チームA）」以外での制作は不可能であるという結論に至りました。チームBが発足した時に、何度か編集チームを入れ替える実験をしましたが、最終的には編集のやり直しが多々発生して二度手間になるという結果になりました。これはチームBの能力が低いという問題ではなく、**息が合う・合わないという、呼吸の問題です。**

コメディ色の濃い1GAMEの番組の中でも、初期から「タレントとパチスロ機と編集員のコント」というテーマで制作してきた『妖回胴中記』は特殊です。編集員やカメラマンが変わると、お笑いトリオのメンバーが変わったかのような違和感があるのです。いくら似せようと思っても、どうしても違ってしまいます。

チームBが担当する番組をチームAが制作しても同じです。編集員が変わると番組のテイストが微妙に変わってしまい、違和感があるのです。

チームを固定して制作することによりカラーを統一し、安定したクオリティを保っているおかげで数字は右肩上がりですが、人員の替えが利かない体制で制作しているため、タレントだけでなく誰かひとりでも欠けると番組の存続が危うくなるという綱渡り状態です。これは正直、好ましい体制ではありません。

各チームを徐々に増員する方法で、解決方法を模索中です。

ふたつ目の問題は「教育」。

新しく入った人員には教育の過程が必要です。

しかし、大企業と違って常にスケジュールに追われている小規模な編集現場では、教育に時間を割《さ》くことが難しいのです。作業環境の共有や、ソフトの使い方を教える程度であればすぐにできます。問題は「編集そのもの」の技術を教えること。最初はカメラマンの指導の下で荒編集を任せ、流れを覚えてきたら各チームのアシスタントに就《つ》くという流れで新人採用を行っていますが、本編集に携わるための教育を行う場合、**どうしてもメインとなる既存編集員のリソースを食います。**「メイン編集員のリソースを食う」ということは、動画の公開スケジュールが今よりもさらに厳しいものとなり、一時的に番組制作が遅延するということです。これは小規模な組織では必ずといって良いほど発生する問題ですし、クリエイティブな職種であれば避けて通れない課題だと思います。

組織が今よりもずっと大きくなり、各チームの人員が増えれば余裕が生まれてくるとは思いますが、目の前の仕事に精一杯の状態を改善することは簡単ではないのです。

徐々に改善はしていますが、改善スピードは非常にゆっくりです。

そしてみっつ目。**最後は「信用」です。**

活動を共にするにあたり、僕は「技術」よりも「信用」を重視します。

1GAMEは匿名性《とくめいせい》の高い団体です。そのため、動画制作経験豊富な人間よりも、信用できる人間を採用します。経験ゼロでも、心から信頼できる人間を採用します。

1GAMEはパチンコ・パチスロ系のYouTube媒体の中で急激に人気が出たため、スタッフを希望する問い合わせも殺到しています。ですが、その中で僕の最終面談まで辿り着いた人間は1名だけです。その1名は現在、編集員として活躍しています。

最も多いのは、根底に「ファンである」という動機がある問い合わせです。「いつも観ている番組のスタッフとして一緒に働きたい」。これは動機として一般的ですし、通常の会社であれば「御社の社風に惹かれて」というようなものでしょう。ただ、僕はそういった動機の問い合わせは、即刻不採用としています。人気番組を一緒に作りたいという考えは悪いことではないと思いますが、僕はそういう人間はいらないのです。

「ファン」と「仲間」は、僕の中では完全に別の存在です。共に戦う人間には、何よりも闘志を要求します。闘志のある人間は、すでに自分で行動して戦っているのです。戦う過程で共闘にメリットを感じ「手を組みたい」というような問い合わせを叩きつけてくる。僕が興味を持つのはこういう人間で、そういう人間は信用できる場合が多いのです。

Chapter 27

強靭なメンタルが伴っていないと動画のタレントは必ず潰れる

ここまでは主に編集作業についてのお話でしたが、本項からは動画の主役である「タレント」のお話です。ＹｏｕＴｕｂｅ動画にはタレントが出演しない番組や、声（ナレーション等）だけが挿入されるような番組も多々ありますが、ここではあくまで「一般的」なタレント（人間）が出演するケースに限定してお話させていただきます。

世間で「ユーチューバー」と呼ばれる存在は、主にタレントのことを指しますが、この「タレント」という役割は、非常にデリケートな役割なのです。

何しろ、動画の主役として常に人の目に触れ続けます。

視聴者にとってはタレントが動画のすべてと言っても過言ではありません。動画を個人で制作していようが、チームで制作していようが、視聴者からしてみれば関係ありませんし、違いを意識する人は多くありません。賛辞も批判も、称賛も中傷も、すべてはタレント個人が一身に引き受けることになります。

テレビ番組やドラマ、映画のようなジャンルであれば「役者」はあくまで役者の「役割」であると認識されると思います。作品の内容が気に食わない場合、批判の矛先は監督や制作陣に向けられるもので、役者が評価されるのは「演技」のみです。

しかし、YouTube動画となると話は違ってきます。何もかもすべてひっくるめてタレントの責任になります。厳密に言えば、タレントの責任と「認識される」ことになります。

理由は簡単で、YouTube動画は「素人が個人でアップするもの」という理解が一般的だからです。視聴者にとって、動画はすべて「誰それさんの動画」として捉えられます。

褒められるのもタレント、貶《けな》されるのもタレント。YouTube動画で主役を任される人間は、ここを徹底的に頭に叩き込まなければいけません。最初から覚悟を決めておかないと、後で必ず辛い思いをすることになります。

もちろん、視聴者も馬鹿ではありません。

番組の「裏方」の存在を頭では理解しています。番組にはプロデューサーやディレクター、編集スタッフがいますよと言えば「それはそうでしょうね」と返ってくることでしょう。しかし、意識されるのはタレントだけです。

動画の花形であるタレントとは、そういう存在なのです。

そういった理由から、僕はタレントの増員に対してはスタッフの増員よりも慎重です。**強靭なメンタルが伴っていないと、必ず潰れるからです**。

パチンコ・パチスロ系のＹｏｕＴｕｂｅチャンネルを視聴するファンの中には「タレント（ライターと呼ばれる）になりたい」と希望する方が非常に多く、人気チャンネルへの加入を志望する人が後を絶ちません。１ＧＡＭＥへの加入希望も、その多くはタレント志望です。僕は番組の企画的なオーディションという例外を除き、タレント志望の問い合わせはすべて断ることにしています。面接すらしません。「タレントになりたい」と口にした時点で、１ＧＡＭＥへの加入の可能性は断たれます。なぜなら、**タレント志望の人間は「タレントになろう」と思った瞬間からなれるのがＹｏｕＴｕｂｅというプラットフォームだからです**。

『ジョジョの奇妙な冒険』第５部に登場するプロシュート兄貴の言葉を真似るなら、『タレントになる』と心の中で思ったならッ！　その時スデに行動は終わっているんだッ！」ということです。そのくらいの覚悟がなければ、タレントの役割は務まりません。

人気チャンネルから華々しくデビューし、憧れのタレントのような人気者になりたいという気持ちは理解できますが、その認識では絶対に潰れます。これは絶対です。

僕がタレント志望をすべて断るのは、精神論を振りかざして偉ぶっているワケではなく、**「絶対に仲間を潰したくない」という思いからです。**

人気チャンネルにタレントとして加入すると、既存ファンからの厳しい洗礼を受けます。先輩タレントと比較され、粗探《あら》しをされ、批判され、排除対象となります。これはＹｏｕＴｕｂｅチャンネルに限った話ではなく、アイドルグループやバンドでも同じことが起こります。

ファンは新参者に対して厳しいのです。

チャンネル側は番組の幅を広げるためにタレント増員を望みますが、ファンも同じとは限りません。受け手というものは現状に満足するもので、作り手の都合は関係ないのです。

もちろん、障害を乗り越えた先にはそれ相応の報《むく》いがありますが、そこに至るまでに受けるダメージは並大抵のものではありません。だから僕は脱落者を出さないため、そのダメージに耐えられる人間だけを仲間にしたいと考えているのです。

「タレントになりたい」という意思がありながら、自力で動画を作って公開したこともなく、人気チャンネルの仲間入りに志願するような人間は「論外」ということがわかっていただけるかと思います。甘ったれるなということではなく、戦場に出れば死ぬとわかっている人間を激戦地に送り込むほど、僕は非情にはなれないのです。

現在、1GAMEには僕「てつ」以外にも**「ヨースケ」「ガット石神」「あおい」**という3人のタレントが在籍しています。

本書を1章から飛ばさずに読んでいただいている方であれば、**「ヨースケ」**についての説明は不要かと思いますが、大きな声と大きな顔、そして僕でもドン引きするレベルの「パチンコ・パチスロ好き（パチンコ狂）」として視聴者の人気を集めています。

僕がヨースケをタレントとしてプロデュースする際に最も意識し、本人にも耳にタコができるほど言ったのは**「僕は悪人になるからヨースケさんは善人でいてくれ」**です。いずれ僕のことを嫌う反動で視聴者がヨースケに流れるという未来が見えていたからです。

今でこそ人気のあるヨースケですが、タレントデビュー初期は批判の声が多く、本人も悩んでいました。しかし、そこからヨースケは努力しました。

僕のやり方（ネタ帳にギッシリとネタを書き込んでトーク内容を予習する）を徹底し、視聴者が不快だと指摘した喋り方や打ち方（手の動作）を改善したのです。

これは「誰でもすぐにできる」と思うかもしれませんが、身に付いた「癖」というものを、臨機応変に対応しなければならない収録現場で直すのは至難の業です。長く続けたから人気が出たのではなく、本人が努力したから人気が出たのです。

「ガット石神」は元々、他の媒体でライターとして活動していた人間ですが、初めて「てつが一切プロデュースしない」というやり方でデビューさせ、一切合切を本人に任せるという特殊な実験をした例です。1GAMEは「てつとヨースケ」というイメージを持っていた視聴者からは、案の定、大バッシングを受けました。系統が違うので当然です。しかし、本人はまったく折れていません。**折れないド根性人間だから買っているのです。**

最後に**「あおい」**ですが、これは僕が自身の番組内でオーディションを開催したことがキッカケでメンバー入りした子です。子と呼ぶのは、**キャラクターが「男の娘」……所謂《いわゆる》、女装男子だからです。**僕はどうしても、男臭い1GAMEというチームに女性メンバーを加入させることに抵抗がありました。どこの媒体もそうですが、男だらけのメンバーに女性メンバーが加入すると、タチの悪いバッシングが起きるのです。

しかし、先々を考えると「キレイどころ」は欲しい。そして視聴者の95%が男性という状況を改善したかった（女性視聴者を増やしたかった）という理由から、女装男子を起用しました。下手なイケメンを起用するより、可愛い女装男子のほうがインパクト大であると踏んだのです。まだデビューしたばかりなので、今後の活躍に期待しています。

Chapter 28

上昇する人気に比例して収録の難易度は上がる

後から加入するタレントに比べ、僕のように先頭を走るタレントは気楽なのか。チャンネル登録者は自分のファンで埋め尽くされている状態なので、好意的な意見に囲まれて常にぬくぬくしていられるのか。

答えは「否」です。チャンネルが持つ「数字」の大部分を握っている僕は、また別のプレッシャーと戦っています。**数字を下げてはならないという使命があるからです。**

後輩タレントを育成する間に先輩タレントが数字を下げてしまっては、組織が成り立ちません。数字を築いた後は、その数字をタレントの頭数で分散化して安定させるまで、数字を持つ人間が数字を維持し続けなければならないのです。

数字数字とうるさく感じるかもしれませんが、僕はタレントである前に1GAMEという組織のトップでありプロデューサーです。看板タレントである僕には一番厳しく当たります。しかし、数字の維持は簡単ではありません。

特に、パチンコ店での「ロケ」がメインとなるパチンコ・パチスロジャンルにおいては、人気に比例して収録の難易度が上がります。その結果として、作品のクオリティを維持する難易度も上がるということを、身をもって知りました。

動画を観ているだけの人にはわからないことかもしれませんが、人気が出ると収録中に大量のファンが押し寄せてきます。これはパチンコ店から宣伝の代価として制作費を負担してもらっている立場からすると「集客」という効果を出しているという証明なので、とてもありがたい話なのですが、あまりに多くなると問題です。

僕は最初、そこを甘く考え過ぎていました。それもそのはず。最初から人気が出ると確信して始めたことではありませんし、人気が出た後にどうなるかなど、完全に未知の領域でした。事実、チャンネル開設当初のロケでは、収録中に声をかけてくる人など多くても数人でした。僕も「気軽に声かけてくださいね」などという、今となっては血迷ったとしか思えないことを平気で公言しており、それでも何の問題もなく収録が可能でした。

しかし、チャンネル登録者数が10万人を突破したあたりから状況が変わってきます。収録中にサインを求められ、写真撮影を求められるようなことが日に日に増えていき、最初は気軽に対応していたありがたい声が、大きな負担へと変化していったのです。

5分テープを回したらサインをし、また5分テープを回したら写真撮影。その都度テープを止め、収録も止まります。また、カメラに向かって喋っている最中に容赦なくカメラのフレーム内に入り込んでくる人や、記念に自分の台を打ってほしいという「代行《だいこう》」の依頼も激増し、次第に収録が続行不可能な事態に陥るようになっていきました。

結果、回せるテープの時間はどんどん削られ、番組の見せ場は減っていきます。

しかし、そんな収録現場の悲鳴は番組を視聴しているだけのファンには関係ありません。容赦なく「内容が薄くなった」という声を浴びせられ、数字が下がる。これは誰が悪いワケでもなく、人気というものを甘く見た僕自身のミスです。

現在はこの問題を解決するため、ロケ地のパチンコ店が開店した直後と、収録終了後の2回に分けてファン対応を行い、収録中の対応は一切行っていません。それでも場合によっては数百人のサイン、写真待ちの行列が発生して収録困難になるため、ゲストの仕事(収録なしの訪問)を増やして、ファン対応の分散化を図っています。訪問する機会の少ない土地では、サインを書いているだけで一日が終わります。

そして、問題はそれだけではありませんでした。

大量のスタッフに囲まれたテレビ番組のロケとは違い、YouTubeのパチンコ番組はタレントとカメラマンだけの小ぢんまりとした所帯です。ファンの方から大量に受け取る差し入れを、持ち運ぶことができなくなったのです。

食品、お酒、ジュース……カメラの周りは、お供《そな》え物のようにモノで埋め尽くされるようになりました。総重量が数十キロに及ぶようになり、まったく身動きが取れません。そのため、現在では受け取る差し入れをファンレターのような「お金のかからない物」に限定し、お金のかかる物はジュース1本でも受け取らないというルールを設けています。

ここまでして、ある程度収録の体制を立て直すことができました。ルールを設けた時は「天狗になっている」と散々罵られましたが、**僕にとっては現場に来てくれるファンの方と同じかそれ以上に、画面の向こう側の視聴者が大切なのです。**

番組のクオリティを下げないための、苦渋の決断だったのです。

誤解のないよう断っておくと、ファン対応や差し入れを苦痛と感じたことは一度もありませんし、現場に来てくれる方には感謝の気持ちしかありません。あったのは、僕の浅はかな判断によって招いた事態に対する「焦り」だけです。

Chapter 29

常に全力で遊べ！引き出しを増やすために

タレントの仕事は、収録中以外のプライベートな時間でも延々と続きます。これは情報発信をする人間に共通することですが、常にネタを探し続けなければならないのです。パチスロ機を打ちながら台の解説をしているだけのタレントなら、掃いて捨てるほどいます。視聴者を飽きさせないためには、ターゲットとなる視聴層が興味を持つ可能性の高いジャンルに対しての知識を大量に用意し、時に真面目に、時に冗談交じりに語り、常に話題を絶やさないよう心掛けなければならないと、僕は考えています。

そのために僕がプライベートな時間に何をしているか。

遊んでいます。

映画を観たり、読書をしたり、ドラマやアニメを観たり、漫画を読んだり、ＹｏｕＴｕ

be動画をチェックしたり。食事中や睡眠中、家族と過ごす時間を除き、すべての時間をエンタメ情報の収集（遊び）に費やしています。

一日の内に「何もしていない」という時間がないのです。最近はスマートフォンで閲覧可能な動画サービスも充実しているので（HuluやNetflixなど）、ちょっとした移動時間にも常に何かしらのエンタメに触れていられます。電話の折り返し待ちや仕事の合間の数分間でも、ネットニュースを漁《あさ》り、Twitterもチェックしています。自宅にひとりでいる時間が少ないため、さすがにゲームをプレイする時間までは割けませんが、話題のゲームは実況動画を観たり攻略サイトを覗いたりして疑似プレイをしています。

いかがでしょう。どう考えても遊んでいるだけの人ですよね。

しかし、**カメラの前で喋り続けるタレントには遊びが不可欠なのです。**

お気付きの方も多いかと思いますが、これらの遊びはすべて「引き出しを増やす」ための仕事です。吸収した知識が即、何かの役に立つワケでも、トークに活かせるワケでもありませんが、引き出しは多いに越したことはありません。

台本なしでカメラの前で喋り、演じるという行為は、自らの引き出しを次々と開けていくようなものです。開けた引き出しの中身は再利用できる場合もありますが、多くの場合は一度使えばそれっきりの使い捨てです。開ければ開けた分だけ減ります。**引き出しは、常に増やし続けなければならないのです。**特にパチスロ機などという、いつ何が起きるかわからない機械相手にボケたりツッコんだりして面白可笑しく番組を演出するためには、どんなフリに対しても直ちに反応できるだけの大量の引き出しが必要です。

そしてその時に用いる引き出しは、ターゲットとなる視聴層に対して何らかの形で刺さる内容でなくては意味がありません。人間の頭脳の容量には限界がありますし、僕は何でも覚えられるような天才でもないので、収集する情報はある程度絞っています。

細かい部分を語り始めるとキリがないので割愛しますが、20代中盤から40代前半のインターネットユーザーに対してウケやすい内容に的を絞っているとお考えください。

それでも大変な量です。毎日毎日、休むことなく片っ端から情報収集して自分の中にエンタメ情報を「知識」としてインプットしていく行為は、「勉強」として捉えると苦痛だと思います。なので、**僕は「遊び」として捉え、休むことなく全力で遊んでいるのです。**

遊びを苦痛と感じる人は少ないでしょう。

あくまで目的は引き出しを増やすためですが、インプット中は目的を忘れて全力で楽しむように心がけています。そして、全力で楽しむことには意味があるのです。

僕が尊敬する人物である島田紳助さんは、「記憶は『頭』でするものではなく『心』でするものだ」と言っていました。僕もそのとおりだと思います。

頭で記憶したことは、引き出しの検索にとても時間がかかります。探して引っ張り出してこなければならないからです。一方、心で記憶したこと……例えば感動したり笑ったりしたような記憶は、引き出しの検索が恐ろしく速い。あたかも引き出しの「関連付けシステム」が構築されているかのように、必要な引き出しがすぐに見つかるのです。

この癖を付けると記憶の検索が速くなるため、ひとつの話題から連想した次の話題、そしてそのまた次の話題へと、次々にトークを展開することが可能となります。

トークだけでなく、動画のタイトルやサムネイル作り。または動画冒頭の「ツカミ」となる挨拶ギャグのようなネタを考える際にも有効です。

絶え間ないインプットにより膨大な引き出しを用意し、用途に応じて組み合わせたネタを瞬時に調達して即座にアウトプットできるよう準備する。

これが「タレントとしての僕」が、常日頃から心掛けていることです。

何気なく喋っているように見えても、それは大真面目に取り組んだインプット作業から引き出した、渾身《こんしん》のアウトプットなのです。

Chapter 30

「舐《な》められやすい存在」というユーチューバーのリスクを知る

動画を作って出演するという苦労についてある程度語らせていただいたので、ここからは動画配信のリスクについてのお話になります。

最もわかりやすいリスクを抱えているのはタレントです。

再生数が増え、チャンネルが大きくなるということは、言い換えれば「有名になる」ということで、有名人には多くのメリットがあります。しかし、**そのメリットが大きくなればなるほど、デメリット（リスク）も大きくなるのは必然です。**

僕は有名になる前から、有名人の抱えるリスクについて、ある程度の認識と覚悟をしていました。インターネット上に姿を晒すキッカケとなったイベント（百鬼夜行）を企画する際、「コスプレ」という条件を付けたのは、インパクトを強めるという理由の他に、将来を見据えて可能な限りリスクを下げるという目的があったからです。つまり、「僕」自身と「1GAMEてつ」というキャラクターの存在を、メイクで区切ったのです。

有名人の抱えるリスクとはいったい何でしょう。

一番のリスクは、大勢に顔が割れているということです。芸能人もユーチューバーも同じで、何万人、何百万人に顔が割れている状態で、気軽に表を出歩くことはできません。顔を隠し、服装を変え、変装し、可能な限り公共の交通機関は避ける。

人目を避けるのはセキュリティ的な理由もありますが、何より問題なのは「見ず知らずの人間がプライベート領域に侵入してくる」という精神的苦痛です。

自分は相手のことを一切知らないのに、相手は自分のことを知っている。いきなり知らない人から「いつも見ています!」と声をかけられる、盗撮される。

最初の内は気分が良くなる人もいるかもしれませんが、天性のナルシスト以外にとって「大勢が自分を知っている」という状況は大変に苦痛です。常に誰かが自分を見ているかもしれないという、指名手配犯のような心理状態に追い込まれます。

これは当事者にしかわからないことなので、一般の人からすれば自分に置き換えることはほぼ不可能。時には「有名税」のひとことで片付けられてしまいます。そして多くの人は「有名税」という言葉を免罪符に、有名人に対して遠慮はしません。記念に声をかけ、写真撮影やサインを依頼する。気にするのは緊張している自分の言動くらいです。

僕だって同じです。自分が好きな有名人が目の前に現れたら興奮しますし、何とか会話できないか、あわよくばサインをもらえないかと考えます。ごく自然なことなのです。

有名人側はこういった状況で選択を迫られます。

1．気さくに対応する
2．追い払う
3．無視する

常識的に考えれば、1の選択肢が妥当でしょう。むしろ、一般の人は1以外の選択肢はあり得ないと思うかもしれません。しかし、有名人も人間です。都合というものがあり、急いでいる時もあれば機嫌が悪い時もあるでしょう。「有名税」という言葉は、この「都合」というものを吹き飛ばしてしまうくらいの威力を持っているのです。

2と3の選択肢は、現在のようなインターネット社会では最悪の結果を招く可能性があります。子供から大人までスマートフォンを所有し、拡散ツールという、有名人にとっての「殺傷兵器」を携帯しているのです。

こうなるともう、有名人には1の選択肢以外がないように思われます。どうしても2と3を選びたくなるけれど、好感度を下げる結果になるから無理をして1を選ぶ。恐らくはこういう人がほとんどなのではないでしょうか……明石家さんまさん以外は。さらに言うと、芸能人のような「完全なプロ」に比べ、ユーチューバーのような「素人とプロの中間的存在」はさらにリスクが高いと僕は考えています。完全なプロや中間的存在などというものは存在しないので、これはあくまで「そう認識されている」ということです。

地上波のドラマやバラエティ、映画に出演するような「雲の上の存在」に比べ、毎日YouTubeで視聴者に語りかけてくるようなユーチューバーは、目線が一般の人と近い。そう感じる人が多いのではないでしょうか。

気安さのレベルで言えば**「芸能人＜芸人＜ユーチューバー」**。視聴者と絡むタイプのユーチューバーが多いせいで、こういった認識を持つ人は非常に増えてきました。

良く言えば「身近な存在」、悪く言えば「舐められやすい存在」。これから動画にタレントとして出演しようと考えている人は、こういったリスクを重々承知の上で出演してください。声かけや盗撮と戦う日々を覚悟してください。

ゆえに、一番のオススメは「覆面系」です。

Chapter 31

爆弾に気付かなかった人間から致命傷を負って退場する

動画を公開することによって生じるリスクは、タレントのプライベートを犠牲にするだけに止《とど》まりません。チャンネルが大きくなればなるほど、一瞬の油断がチャンネルに係わる人間全員にとって致命傷になります。そのリスクを徹底的に排除したのがテレビです。表現に規制を設け、クレームが入るような内容は放送しない。その結果、最近のテレビ番組は昔に比べて「面白くなくなった」と感じる人が多いのではないでしょうか。縛りだらけのテレビ番組に比べれば、インターネット動画はユルユルです。かなり過激な内容でも、ＹｏｕＴｕｂｅのポリシーに著しく違反しない限り広告を剥がされることもなく、動画が削除されることもチャンネルがＢＡＮ《バン》（アカウント停止）されることもありません。

だからと言って、何でもかんでも放送できるワケではありません。厳密に言えば「できる」のですが、**自分の首を絞めることになるので「やらないほうが良い」のです。**

一部の人を不快にさせる内容程度であればまったく問題ありません。

例えば誰かの悪口を言う。これは対象のファンからすれば気分の悪い行為ですが、対象を嫌っている人間にとっては好ましいコンテンツとなります。毒を吐くにしても、バランス感覚さえ失わなければ「刺激的なコンテンツ」として評価されるからです。

しかし、これが「人種差別」のような、絶対にしてはならないこととなると話は別です。どのような発言でも、差別的なニュアンスを孕《はら》む内容を放送してはいけません。意図していなくても、そう「解釈」されるだけでアウトなのです。

人間は日常的に、意識せず「差別用語」を使いがちです。日常会話の中では前後の会話の流れを考慮してスルーされる場合が多いため気付きにくいことですが、これが「動画」という、形の残るものとしてアップロードされたら話は別です。

売名のためには炎上商法が有効であるというのが僕の持論ですが、それは展開が想定範囲内で、制御可能な場合に限定されています。**着地点が見えず、制御できない炎上を引き起こすことだけは避けなければならないのです。**

差別用語の他には、宗教的な話題。これも、下手な誤解を生む可能性が高いので避けたほうが良いでしょう。一部の方はご存じかもしれませんが、僕は宗教について学んだり議論したりすることが好きな人間です。しかし、動画ではそういった話は一切しません。危険だからです。僕はあらゆる信仰について尊重していますし、あくまで「学問」として宗教に興味があるだけですが、こういった話は「話す対象」を選ばないと大変面倒なことになります。何百万人という、不特定多数に向けて発信できるような内容ではないのです。視聴者からすれば動画に出演する人間の信条などは見えないため、表面的な情報から判断するしかありません。そこに「人によって解釈が異なること」を差し込んではならないのです。誰もかれもが、宗教について関心があるワケではありませんし、理解があるワケではありません。デリケートな話題は避けるのが無難です。

こういった「差別」や「宗教」というわかりやすい例以外でも、爆弾は至るところに潜んでいます。そして、**その爆弾に気付かなかった人間が致命傷を負って退場するのです。**

僕は炎上商法を得意とする人間ほど、この「爆弾」の取り扱いに長けていると考えています。爆発物を長いこと取り扱っていると、どういうメカニズムで爆発が起こるかを理解できるようになるのです。可燃物、触媒、着火剤、そして燃焼温度と爆発の範囲。こういったものを経験から判断できるようになり、本当の危険を避けることができるのです。

繰り返し訴えますが、本当に危険なのは意図しない炎上です。チャンネルの存続に係わる大問題に発展する場合もありますし、多くの人間を巻き込みます。

これは絶対に避けなくてはならないことです。そのため、1GAMEでは動画上でタレントが失言していないか、編集員に厳しくチェックしてもらっています。動画であれば、失言は発信前に取り消せるのです。

だから僕は、生放送が好きではありません。リアルタイムで視聴者とやり取りできるという楽しい面（メリット）もありますが、リスク（デメリット）のほうがはるかに大きい。酒に酔った状態で生配信をし、取り返しのつかないことになった方も大勢いらっしゃいます。誰もが皆、爆弾の取り扱いに長けているワケではないのです。

比較的爆弾の取り扱いに長けている僕でさえ、生配信の時は緊張します。人前で話すことに緊張するワケではなく、ちょっとした油断から失言しないか心配なのです。

失言の内容によっては、自分たちの立場を危うくするだけでなく、多くの人の心を傷付けます。僕は他人を挑発し、感情を動かすことで売名する場合がありますが、僕が動かす感情は主に「怒り」です。**悲しませることには何のメリットもありません。**

意図しない失言を避けるため、情報発信者は細心の注意を払ってください。

Chapter 32

「好きなことを嫌いにならない」ための努力が必要な時が必ず来る

僕は本書の序盤で「好きなこと」と「得意なこと」のどちらを情報発信のテーマに選ぶべきかで言えば「得意なこと」を選んだほうが良いと言いました。

引き出し量が豊富であることが一番の理由ですが、理由はもうひとつあります。それは、情報発信を続けていると好きなことが嫌いになる時が必ず来るということです。これは情報発信に限らず、好きなことを仕事にしてしまった人に共通します。

ビジネスにする以上、必ず「やりたいこと」より「やらなくてはならないこと」が増えます。その時、好きだったことが嫌いになっている自分に気付いてしまうのです。

これはとても悲しいことです。僕の場合、好きなことと得意なことが両方「パチンコ・パチスロ」であったことから自然にテーマが限定されましたが、正直**「もうパチスロ打ち**

たくないし、見たくもない」と思うことは何度もありました。一時的なものですけどね。

本書はある種の暴露本なので正直なことを話しますが、僕は本来、射幸性《しゃこうせい》があまり高くなく、シンプルなパチンコやパチスロ（ノーマルタイプ）が好きなのです。しかし動画で再生数を取ろうと思ったら、派手な機械で派手な勝負をしたほうが確実です。

そうすると、自然と僕のキャラクターは『ミリオンゴッド』のような射幸性の高い機械を好む「ギャンブラー」になり、視聴者もそれを期待するようになります。

キャラクターが固定されて以降、ミリオンゴッドを打つ動画は、他の動画に比べて倍以上の再生数を叩き出すようになりました。「まったく面白みのないミリオンゴッド動画」と「楽しんで打てたマイナーな機械の動画」が並んだ場合、倍までとは行きませんが1・5倍程度の差で前者のほうが数字を取れます。こうなってくると、月間の再生数や収益ノルマを達成するために打ちたくもないミリオンゴッドを打ち続ける必要に迫られ、結果としてパチスロを打つことが苦痛になっていく——実際、一時期はイヤになりました。

現在ではチャンネル登録者数が多くなり、数字が安定したおかげでいろいろな機械を触っても数字が取れるようになり、視聴者からは「ノーマルタイプを打っているほうが生き生きとしている」という評価をいただけるようになったので、数字にこだわることなく、自分が楽しんで打てる機械を打てるようになりました。

自分の動画を観返してみても、**打つのがイヤになっている時期の動画は内容が薄い。** 機械に興味がないせいで、トーク内容も機械を無視した雑談がメインとなり、いったい何の番組なのかわからなくなっています。それでも視聴者からの高評価は多いのですが、見透かす人には見透かされているものです。楽しそうに演じる努力をしても、コメントで「全然楽しそうじゃない」と書かれます。隠しきれないものです。

このままではいけないと思わされました。

「チャンネル登録者の方々は僕を見にきてくれているのに、楽しんでいない空気が滲《にじ》み出るくらいなら、数字を下げてでも楽しみに行こう。ただ、ミリオンゴッドを打つ僕を見たいという視聴者も少なくないので、気分が乗った時には楽しんで打とう」

そう決めてからは、気持ちがだいぶ楽になりました。一時期は嫌いになりかけていたパチスロも、楽しく打てるようになりました。今では「数字を取るために機械を選ぶ」という初期のスタイルから、**自分が楽しむことによって視聴者にも楽しんでもらおう**という考え方に変わっています。数字に余裕が出たという理由もありますが、無理をするスタイルを継続していても、いずれ視聴者に完全に見透かされて数字が落ちると判断したのです。

ミリオンゴッドのキャラクターが付くことで、収録時はお客さんがミリオンゴッドコーナーに殺到し、打とうにも打てなくなったというのも良い口実になりました。「満席だからしょうがないよね」という言い訳ができるようになったのです。

今でも「打てる状況」と「打ちたい気分」が合致した時はミリオンゴッドを打ちますが、それは無理をしているワケではなく、比較的楽しんで打っています。一時期イヤイヤ打っていたことは事実ですが、「今は違います」ということだけご了承ください。

前章では「やりたいこと」より「やってウケること」を優先してくださいと述べましたし、その考え方は一切変わりません。しかし、**好きなことを嫌いにならないための努力も並行して行わなければならないのです**。嫌いになると、やめたくなりますから。

好きなことで生きていこうとした結果、好きだったことが嫌いになってしまっては本末転倒です。そうならない方法は必ずあるので、早めに手を打っておくことをお勧めします。

ところで、本項を書いていてふと気付いたことですが、パチンコ・パチスロをやめられずに困っている人は、いっそのこと動画配信を始めてみるのはいかがでしょうか。

「好きでいること」を維持する努力を放棄すれば、割と簡単にやめることができるようになると思いますよ。

Chapter 33

一番の収穫は「お金」ではなく「影響力」であると考える

本章では、動画投稿に係わる苦労やリスクのようなネガティブな内容ばかりになりましたが、最後に言っておきたいのは**「しんどい分だけやりがいも多い」**ということです。

動画作りは正直しんどいです。

タレントもリスクだらけですし、スタッフ全員が重労働ですし、まったく気が抜けません。その代わり、達成感もひとしおなのです。

自分たちが苦労して作った作品を大勢の視聴者に評価してもらうことができて、その結果が数字としてダイレクトに返ってくる――。

あらゆる仕事には「やりがい」が不可欠ですが、ここまでやりがいのある仕事はなかなかありません。

なんせ、世の中に影響を与えることができるのです。自分の好きな業界に対して「影響力」を持つというのは、1GAMEを本格始動させた時の僕の目的でもありました。自分が面白いと思ったパチスロ機を、不人気で埋もれた状態から人気台に押し上げることも可能になったのです。

これはすごいことです。

1GAMEに仕事を依頼するにあたっての費用対効果を分析するために、パチンコ業界のコンサルティング会社が作成した「1GAMEの影響度調査」という資料を一度だけ見せてもらったことがありますが、内容は驚くべきものでした。

まず、一時期話題になってその後埋もれた『イミソーレ』というマイナーな機械がありました。それを番組で取り扱った翌週には中古台価格が2倍にまで跳ね上がったのです。当該不人気台で撤去目前だった機械が、動画公開翌日からホールでフル稼働状態になり、当該ホールの看板機種にまで上り詰めるという異例の事態にもなりました。

さらに、パチンコ店のポータルサイトである『P－WORLD』で、新台を押しのけてイミソーレが注目機種1位になるという現象も起き、その結果、全国でイミソーレを導入、増台するホールが現れ始めました。これは予想もしなかったことです。

また、今ではミリオンゴッドに次いで〝てつと言えば〟と化した『聖闘士星矢―海皇覚醒―』や『ディスクアップ』といった機械も、元々人気がある状態であったにもかかわらず、番組で取り扱った翌日から全国の稼働が一気に伸びるという現象まで起きました。「ＳＩＳ（全国のホールデータを集積している会員制サービス）」の数値変化を資料で見せられ、僕たちは初めて自分たちの影響力を実感するに至りました。

それまでは「再生数」や「チャンネル登録者数」のような、自分たちに係わる数字しか意識していませんでしたが、自分たちの力でパチスロ機の全国的な稼働数値が変動する。「これは遊技機メーカーから仕事が来るぞ」という邪念も入りましたし本当に来るようにもなりましたが、そんな金銭的なメリットより達成感のほうが魅力的です。

自分の好きな機械を番組で紹介し、その機械が人気台の仲間入りを果たす――１ＧＡＭＥとして活動を始めたばかりの僕が現在の状況を聞いたら、飛んで喜ぶと思います。それほど僕は、パチンコ業界で影響力を持ちたかったのです。

面白い機械の面白い部分を紹介し、自分が好きな機械の設置を伸ばす。

そして、パチンコ・パチスロに興味を持ったユーザーがパチンコ店に足を運んで遊技人口が増える。

多媒体のインタビューなどで幾度となく語った内容ですが、1GAMEでの活動はすべて「僕自身のため」に始めたことです。

好きな機械が埋もれていく。

遊技人口が減ることで設定状況も悪くなり、万人ウケする味気ない機械にホールが占拠されていく。

この状態を打破したくて始めたのがそもそものキッカケであり、動画配信を始めたことによって「状況を打破する」まではいかずとも、少なからず「影響力を持つ」ところまでは来たのです。


YouTube動画を始めて、一番の収穫は「お金」ではなく「影響力」なのです。

第5章　夢を見ろの巻

YouTubeのその先には無限の可能性が広がっている!

Chapter 34

あなたは「ＹｏｕＴｕｂｅ」という最強の武器を手に入れている！

本書をここまで読んでくださった方々は、ＹｏｕＴｕｂｅがビジネスのツールとしていかに優れており、好きなことで生きていくことは夢物語ではなく、現実的に可能であるということをご理解いただけたかと思います。

先の章で軽く触れましたが、ＹｏｕＴｕｂｅは収益の複数取りが可能です。

・再生数による収益（広告費）
・番組制作自体の収益（スポンサー）
・ＰＲによる収益（企業案件）

このトリプルだけでもすごいことだと思いますが、ＹｏｕＴｕｂｅが持つ可能性は最後に話す４つ目にあります。全部含めるとクアドラブルになりますね。

その4つ目とは**「自らのCMを自由に打ち込める」**ということです。

YouTubeで大きなチャンネルを持つということは、自分が自由にできる「テレビ局」をひとつ持っているような状態なのです。制作する番組のCMでスポンサーから収益を得られるということは、広告効果が非常に高いということ。

つまり、**自分たちのCMを打ち込んだ時の広告効果も高いということです。**

現に1GAMEは、グッズ販売もイベントも、動画にCMを打ち込むことによって宣伝し、「発売即完売」という結果を残しました。

これは本書（書籍）についても同じことです。

本書を購入してくださった方の中には、僕が番組内で語った告知を見て購入してくださった方も多いと思います。

好きな番組を観ていたら、どうやらタレントが本を出版するらしい。

頑張って書いているみたいだし、ちょっと興味があるから買って読んでみよう。

これ、普通は宣伝広告費が滅茶苦茶かかります。しかし、僕は宣伝広告をすべて自分のメディアで行うことができるので、すべて0円で告知できているのです。

好きなことで生きていけると断言できるのはこの4つ目のおかげです。

何か新しいことを始める時、約40万人のチャンネル登録者に対してだけでなく、登録に至らない視聴者に対してもPRが可能になる。

1GAMEの動画視聴者の内、チャンネル登録者の割合は実は約3割ほどです。つまり、番組内にPRを打ち込めば、**約130万人に対して「無料で」リーチすることができるのです。**

それだけではありません。

チャンネルと並行して運用しているWEBサイトやSNSを含めると、僕の持つ拡散ツールは恐ろしい威力を持っていることになります。

さらにさらに……。メインチャンネルBAN対策のために作ったサブチャンネルは、動画を1本投稿しただけなのに、一日でチャンネル登録者数が3万人を超えました。

今後、サブチャンネルでは、ゲーム実況など新たにできた「好きなこと」をやっていく予定ですが、0から立ち上げた時に比べ、初速は恐ろしく速くなることでしょう。

そして、上手く行けばパチンコ・パチスロジャンルとはまったく異なる視聴層（低年齢層等）を取り込めることになります。

そうなるとリーチできる幅も広がり、1GAMEはさらに強くなります。

強いメディアを持つことの利点は、正にここです。

好きなことをして、そこで得たものを利用して更に好きなことをする。

そして新たに得たものが、全体をより強固にする。

何かをする度、収益も増え続ける。

YouTubeには、無限の可能性があるのです。

そしてその可能性は、初期費用無料で買うことができます。

もちろん、強いメディアを作るのは簡単なことではありません。本書を読んでいただいた方には、そこはすでに十分伝わっていることかと思います。

しかし、強い意志があるのであれば、これほどリスクに対してリターンの高いビジネスはほかにありません。挑戦して損はないでしょう。

強いメディアを持ち、拡散力と影響力という武器を手にすれば、その後のビジネス展開は格段に容易なものとなります。

極端な話、何の関係もないブランドショップや飲食店のような商売を始めたとしても、初期の宣伝広告費を0円にすることができるというのは大きなアドバンテージとなります。

そして最後に、これだけは言わせてください。

もしあなたが学生で、将来の夢がユーチューバーであるなら、考え直してください。ＹｏｕＴｕｂｅはあくまでツールで、そのツールを使いこなすのはあなた自身です。あなた自身の経験値がダイレクトに影響するツールなので、**まずは社会経験を積んで、自分が本当に「得意なこと」に対しての知識と技術を深める職業に就いてください。**

そうしてからでも遅くはありませんし、そのほうが確実に有利です。

もしあなたが社会人で、今の仕事を辞めて全力でユーチューバーデビューをしようとしているとしたら、考え直してください。

大冒険して無茶をするのではなく、**今の仕事をしながらチャンネルを立ち上げ、軌道に乗ったら本腰を入れるやり方の方が安全です**し、僕なら１００％そうします。

そして、ツールはＹｏｕＴｕｂｅだけではありません。

ブログのような文章媒体もありますし、さらに手軽なＳＮＳもあります。まずは手元にある武器（ツール）についての理解を深めることから始めましょう。

日々の日記を書くことや、不満や愚痴を拡散すること「以外」の使い方について、本気で考えてみてください。威力を知ってください。

あなたはもう、最強の武器を手にしているのです。

第6章　Q & A の 巻

「1GAMEのてつ」として どんな質問にも 答えてやるぞ!

Q てつさん（1GAMEさん）にとっての自己実現とは何ですか？自分を支えるものは何ですか？

ごみくずニートの人生@gkneet_life

A 豊かに暮らすことです

キャラ的には「他者を押しのけ勝ち続けることだぁ！」……とか言いたいところですが、本音を言うと家族や仲間が豊かに暮らせればそれでいいかなと思っています。

経済的にも、精神的にも。

支えるものは……家族ですね。

家族はいいぞ。

この先、子供の反抗期が来て「お父さん臭い」「ハゲ」と言われる段階に到達した時、同じことを言う保証はありませんけどね……。

まあとにかく、豊かに暮らすためにはお金が必要なので、お金のある今は幸せです。

お金があると、家族で遊びに行くディズニーランドの乗り物だって、並ばずに乗れるようになるぞ。バケーションパッケージだ。

これはべらぼうに高い。

家族4人と祖母ちゃんたち連れてこうなんて思ったら、40万円超えるぞ。

ただ、子供たちと祖母ちゃんたちの体力を消耗させないで済むし、のんびりパーク内を散歩して「乗りたくなったら乗る」というセレブな動きができるからデカい。

120分の大行列に並んで、途中でトイレだ何だと大騒ぎして、最終的には親子揃ってゲドゲドに疲れ果てるって、これもう全然楽しくないからお金で解決しています。

「お金がすべて」という考え方は間違っていると思いますが、お金があると「最優先のことを優先できる」とは思いますよ。やりたいこととか、大事なこととか、優先したいことを優先できなくなる原因は「お金がないこと」だと思います。

お金はいっぱいあったほうが良い。

だから、やりたいことやってお金を稼げている今は、超幸せです。

「お父さん臭い」と言われるまでの間かもしれませんけど。

Q

思い描いていた1GAMEと、
現在の1GAMEとで、
どれぐらい絵図面は相通じていますか?
「こういう副産物は予想していなかった」ということがあれば知りたいです。
あとノコギリヤシが抜け毛を防ぐそうです。

松本ミゾレ@XDKJplCitHK9PCW

A

有名人という存在を舐めていたこと

ご想像のとおり、概ね予想通りに展開しています。

とにかく売名して有名になって、影響力や発言力を手に入れて「やりたい放題やる」。

むしろ、気持ち悪いくらい思ったとおりに進むので、たまに「これ夢なんじゃねえかな」と疑う時すらあります。

ただ、予想しなかったというか、舐めていたのは「有名人」という存在です。

プライベートに影響しないようにメイクでガードしたつもりだったのに、それを突き破られるほど有名になるとは思っていなかったというのが正直なところです。

日常での行動は、だいぶ制限されるようになりました。

ただ、良い面も多いですよ。

何をやっても上手くいくんです。

「グッズ売ったら面白そうじゃね?」なんていうノリで作ってみたら飛ぶように売れて10分で完売しますし、「ライブやったら面白そうじゃね?」なんていうノリでチケット売ったら10分で完売します。

当初の予定には「グッズ」や「ライブ」なんていう単語は一切ありませんでしたが、思い付きで遊んでも、その遊びが上手くいくのってスゲェことだなと思います。

予想していなかったことと言ったらそんなところですかね。

あ、あと、ノコギリヤシの情報ありがとうございます。

Q

てつさんと奥さんの馴れ初めと
てつさんの奥さんの好きなところなど知りたいです……！
一緒に連れ打ちした事あるのかも気になります。

悠貴@dameningen158

A

職場恋愛です

割と普通の職場恋愛です。

俺が一方的に惚れて、無呼吸打撃のようなラッシュでアタックしました。

当時はまだ、向こうに彼氏とかいたんじゃないかな……。

まあ、そんなの関係ねえって感じで、ゴリゴリのゴリ押しで1年くらい頑張ったら何とかなりました。

欲しいと思ったものは、手に入れるまで気が済まないんですよね。

カミさんは物じゃねえけど。

好きなところは……サバサバしてるところでしょうか。ドライというかサッパリしているというか、とにかくベタベタしないしネチっこくないところが好きです。男っぽいって言ったほうがわかりやすいかな……。

所謂「女の子っぽい女の子」が好きじゃないんですよ、俺。ドラマ『ブレイキング・バッド』のスピンオフドラマの『ベター・コール・ソウル』に出てくる「キム・ウェクスラー」みたいな女性がモロタイプです。うちのカミさんも同系統だと思います。

カミさんはパチスロ全然詳しくないですが、一緒に連れ打ちしたことはありますよ。あれはたしか……新作の映画の席が2本先まで取れなくて、時間が余った時に「カップルシート」みたいなのを見つけてヒマ潰しにふたりで打ちました。

4号機の『キャッツアイ』だったと思います。

最終的にカミさん（当時は彼女）がドデカいAR引いちゃって、映画の予定がすっ飛んだということをハッキリ覚えています。

俺はカップルシートの隣でずっと彼女が打つのを眺めていました。

メシ奢《おご》ってもらいましたけどね。

「これ、男女逆だよなあ」って思いましたけど、タダメシは美味《うま》かったです。

Q

1GAMEの今後の展望（野望）を詳しく聞きたいです。それと、てつさんの今後の展望（野望）は何ですか？演者規制が強化されていく可能性もある中での活動についてどのようにお考えか伺いたいです。

ダメ!! いいよ@Rb8sIXF5PM4s8G6

A

パチスロ以外のことをやる

パチンコ・パチスロ系の情報発信で他人に勝てるということはわかったので、その他のジャンルに挑戦していきます。

ブログの時もそうですが、天下取っちゃうと飽きるんですよ……。なので、現在の活動は後輩を育成しつつ継続し、俺は俺で新しいジャンルでゼロからスタートしたいなあと思っています。タレントとしてというより、プロデューサーとして、どこまで通用するのか試してみたいし。

そんなことより、規制の話のほうが聞きたいのかな。

ご存じのとおり、カジノ問題やらオリンピックの問題やらもあって、パチンコ業界の規制は年々厳しくなっていますし、タレントのゲスト来店もイベントとして規制の対象です。告知禁止のエリアはどんどん増えていますし、その影響で廃業にまで追い込まれるタレントさんも多いかもしれません。

が、俺らには関係ありません。いや、関係ないこたぁないか。サラリーマンが「来月からタクシー代は経費として認められません」と言われた程度には関係あります。日本全国が告知禁止になったら、番組制作費が自腹になりますからね。

「しょうがねえな電車使うか……」ってくらいにはガッカリします。

そもそもホールでのお仕事に収益の軸を置いていないので、そこの収益が減ったところで別のやり方で簡単に解決できるんですよ。解決しなくても困らないし。

これからパチンコタレント始めようって人や、「イベント」としてのカラーを強く出して収益の軸にしていた媒体さんにとってはキツイ規制かもしれませんが、俺らは最初からそんなこと（イベント）には興味がないので、心配しなくて大丈夫です。

特に何も変わりません。

Q パチンコ業界、また公営ギャンブルやカジノに関わる法律を自由に制定出来る立場になったとしたら、各々の割り振り等はどうしたいですか？

てつろう@teturou_0735

A 上限レートを上げる

公営ギャンブルやカジノには興味がないのでどうでもいいですが、パチンコ屋の上限レートはソッコーで上げます。現在の最大はパチンコで1玉4円、パチスロで1枚20円ですが（税抜き）、1玉20円、1枚100円まで上限を引き上げたいですね。

無理ですけど、妄想語っていいんですよね？

そして、面倒ですけどレートごとに遊技機の規則を変えます。

ハイレートの規則は厳しめにし、ローレートの規則は緩めに設定します。

試験機関がパンクしますけど、妄想語っていいんですよね？

昔からずっと言っている持論ですが、俺はパチンコ業界を衰退させた原因のひとつに「低貸し（ローレート）を流行らせた」ことがあると思っています。

4円パチンコや20円パチスロに比べ、0・5円パチンコや2円パチスロなど、店の利益にならない低貸し営業は高齢者を中心に大繁盛しています。

一見、「適正な遊技」に見えなくもないですが、店の利益にもならない上に勝っても負けてもワケがわからない低貸し遊技に、一体何の意味があるのかサッパリわからないんです。ただいたずらにユーザーを長時間拘束し、依存させるだけだと思っています。

そもそも、パチンコやパチスロは「遊技」だから、生産性なんてないんですよ。生産性がないことに、人間を長時間拘束したらダメでしょう。

だから短時間でスパっと勝負して、スパッと帰るようにしたほうがいいんです。

スロットの6号機を見ていると、本質的な部分で「こうあるべき」というのは概ね俺の考えと変わらないと思うんですよね。

射幸性が低く、長時間遊技に向かない機械はハイレートで遊び、射幸性が高く、長時間遊びたい人はローレートで遊ぶ。ハイレートで長時間は遊ばせない。

これが一番だと思います。俺はね。

Q

子どもと仲良くなるために大事にしていたり大切にしてることは？ディズ〇ー的な場所でお金かかるけどたまにだから！っていうのにそれに対していろいろ言う人がいるのでそんな人たちにもひとことあったら。

まめんご@給料日はよきてください@AZ_syusi

A

一緒に過ごす時間を多く取ること

映画『ゴッドファーザー』には割と影響を受けたと思いますが、「ドン・ヴィトー・コルレオーネ」のこんな台詞があります。

「家族と時を過ごさない男は決して本物の男ではない」

長期単身赴任のお父さん連中に無茶を言うつもりはありませんが、俺はこの台詞がガツーンと来たんですよね。お父さんは外で金を稼いでくる役目を持っている場合が多いし、俺だってそのひとりですけど、仕事のせいで家族をないがしろにしたら、人生の意味がないと思っているんです。だって仕事のために生きてるワケじゃないし。

だから、仕事をしている時間以外はずっと家族と一緒にいます。

会社やロケ先からは寄り道せずに真っ直ぐ帰るし、酒も飲まないし夜遊びもしません(20代はアホみたいに酒飲みでしたが、子供ができてやめました)。

ロケやゲストの仕事で日本中を飛び回っていますが、スケジュールはかなり制限しています。これだけ急激に人気が出たんだから、仕事のオファーもハンパないですよ。普通は「稼げる内に稼げ」と休みなく働くんでしょうけど、俺は考え方が違います。

子供の「今」は「今しかない」と思うんですよ。小さい頃なんて、マジであっという間に過ぎていきます。こないだまでミルク飲んでたと思ったら、スマブラやってますから。

その成長の過程を見逃すことは、金稼ぎのチャンスを逃すより痛いんです俺にとっては。

だから家族と過ごす時間は、人一倍多いと思いますよ。

ロケのスケジュールが「関西→オフ日→関西」となっていたら、普通は中日を関西で過ごしますよね。効率的にも、金銭的にもそっちのほうが正しいと思います。

でも俺は「関西(夜、東京に帰る)→家族で遊びに行く(夜、関西へ移動)→関西」という感じで、ヒマさえあれば家に帰ります。

ディズニー云々《うんぬん》に関しては、「テメェらも金を稼げ」としか言えません。

Q

1GAMEのお仕事を始めてから、パチスロ・パチンコに対するスタンスや考え方などに変化はありましたか?

生き残った墺太利伊太利帝国さん@NotAustralia01

A

東京と地方は違う!

基本的な考え方には何の変化もありません。

業界人の知り合いも増えましたが、それがどうしたってくらい変化がありません。強《し》いて言えば、どこも大変な思いしてやってるんだなあ……と思ったくらいです。ただ、大変な思いをしていようがしていまいが、俺には何の関係もないですからね。大変だよね。だけど俺はこう思うわって感じで、何の変化もありません。

変化があったとしたら、仕事で「東京以外のパチンコ店」に行くことが多くなったせいで、自分が狭い範囲だけで語っていたなあと思わされることが多くなったことです。

パチンコ店の規模、客層、その他諸々、全然違うんですよ。

10代の頃から、東京の都心部ばかりで生活していたので、パチンコ屋のイメージも「数字」を抜けば都心のイメージが大きかったんです。これが地方に行き、さらには郊外店となると、ビビるくらいのスケールのデカさに、大量の老人。見たこともないような店内サービスがあったりして、世の中って広いと思いました。

変化とは話が変わりますが、お店の店長さんたちと話す機会が多くなったことで、メーカー、ホール、遊技者の3者関係の中で「ホール」に該当する立場の意見をダイレクトに聞く機会が増えて面白いです。

遊技者の意見は、普段から山ほど聞けますから。

生粋《きっすい》のパチスロ好きで、機械についてメチャメチャ詳しい店長さんもいれば、そういったことにまったく興味のない店長さんもいて、世の中広いなあと思います。

ただ、接する人が増えても考え方がまったく変わらないのが俺なんですけどね。

Q

妖回胴中記のサムネイルは煽り文まで気合が入って面白い回が多いですが、てつさんの中でお気に入りや、印象に残っているサムネイルはありますか？

牛丼@sloo70

A

第9話のサムネイルのことは忘れない

サムネイル作りは「気を引くこと」だけを目的としているので、そこに気に入るも気に入らないもないんですよね。

ただ、二度と同じ過ちは繰り返さないと誓うくらい「失敗したサムネ」はあります。第9話で『シェイク3』を打っている回なんですが、番組内に特に見せ場がない上に、シェイク3がそもそも不人気台。どうしようかと散々悩んだ挙句、タイトルをドラクエっぽくして遊ぼうなどという、血迷ったとしか思えないことをしたんです。

案の定、再生数の初動は最悪。考える時間とデザインの時間を大量に無駄にしました。「最悪なサムネの例」として、自分への戒《いまし》めのために今でもそのまま残してあります。

Q 過去に戻り、自分に一言だけアドバイスできるなら、いつの自分になんと伝えますか?

毬藻@ptolemy4453

A アドバイスなんてしない

今の自分にも環境にも満足しているので、アドバイスの必要なんてないんですよね。

「お前が思ったとおり、そのままやれば上手くいくから頑張れ」くらいなら言うかな……。

それか、飛び込み営業でコケにされて凹んでいる時の俺に「今、お前のことコケにしてる目の前のヤツ、数年後に仕事受けてくださいってお前に頭下げることになるぞ」と元気づけるくらいか……。

いや、その必要もないか。

勝手にそう信じて動いた結果、そうなったし。

やっぱなんもないわ。

Q

将来的に来店派遣ができなくなるのは確実と思いますがそうなった後のビジネスビジョンはどう描いていますでしょうか？

しゅん@デハポン@Syun68957561

A

この質問多いな

もう答えたんですが、この質問メッチャ多いですよね。たぶん、他のタレントさんとかにもTwitterとかで似た質問多いんじゃないかな。

2018年までに自分の城を作っていた人は生き残り、来店派遣にビジネスの軸を置いていた人は消えていくと思います。番組に呼ばれて出演だけしていたような人は、マジで全員消えるんじゃないかな。俺らはいいけど、質問する相手だけは選んであげてね。

その人、もう消える秒読みに入ってる可能性あるから。俺は何やっても上手くいくから、その時にやりたいことをやりたいようにやります。

Q てつさんが死んだらこれは棺桶《かんおけ》に入れたいマイベスト映画5本を教えてください。

ば~みりおん@vermilion_md

A 棺桶に映画入れないでよ

「棺桶にDVDやブルーレイ入れないでくれよ」っていうのではなく、それくらい好きな映画を選べってことですよね、すいません。

1．バック・トゥ・ザ・フューチャーシリーズ
2．ダークナイト
3．天空の城ラピュタ
4．ＡＫＩＲＡ
5．エイリアンシリーズ

ありがちで申し訳ない。ありがちってことは、面白いってことなんですよ。

Q もし今独身で自分のためだけに動ける時間がもっとあったとしたら、今以上にこの部分に力を入れてるという所はありますか?

えぬやん@ゲーム垢@sengokuenbu_n

A 引きこもってゲームやりたい

俺がもし独身だったら……。

とりあえず、順番待ち状態のクライアントを何とかしてあげたいので、365日の内、365日フルで仕事を入れて全国を飛び回ると思います。

で、各都道府県にメンバー共用の家を借りて、ゲーム部屋にする。

ハードはそれぞれの部屋に全部用意して、セーブデータだけ持ち運ぶようにして、仕事が終わったらソッコーで部屋に戻ってゲーム三昧《ざんまい》の生活を送ると思うなあ……。

で、ゲームに飽きた頃には順番待ち状態が解消されていると思うから、仕事をまた半分くらいまで一気に減らして、プロデューサー業に専念しますね。

1GAMEの抱える問題点は、司令塔であるプロデューサーと、最前線で戦うタレントが同一人物であるということなんです。

幸い、頼れる仲間に囲まれているおかげで大抵のことは人任せにできます。決定が必要なことや、判断に困ることだけ電話やメールで指示すれば良い。

ただ、規模を拡大しようと思ったらプロデューサーがガッツリ参加しないと無理です。だから今は、タレントとしての仕事を少しずつセーブする方向に切り替えています。俺がずっとタレントばっかりやっていたら、組織としての伸びが悪くなるので。

独身なら時間を自由に使えるので、月の半分をタレント業に充《あ》ててもタップリ時間が残ります。その時間を使って、後輩の育成やいろいろな企画を進められるようになりますね。

家に帰った後も仕事できるし、夜中まで仕事しても文句を言われない……。

おお！　何て楽しそうなんだ！

こういう妄想をすると、独身がちょっと羨ましくなりますよね。

人間、ないものねだりする生き物なので。

Q

妖の来店の際に写真を撮っていただいたのですが、腰が低くて尚且つ声が小さかったのでびっくりしたことを覚えております。エンタメの世界なのでオンオフはあるかと思いますが、どうやってスイッチを入れてますか？

あべちゃん@72XGOoxfN5qxvOm

A

ビリー・ミリガン方式です

本文のほうでキャラクターについて書きましたが、厳密に言うと「1GAMEのてつ」って言っても何人もいるんですよね。

・動画のてつ
・Twitterや文章媒体のてつ
・お客さんの前のてつ

てつばっかりで気持ち悪いな……とにかく、場面場面で出すキャラクターを選んで出しているんです。

今、このQ&Aに答えているのは文章媒体のてつですね。言葉遣いが少し乱暴で、敬語を使ったり使わなかったりする、フランクだけど、ちょっと感じの悪いキャラです。質問者さんが接したのは、お客さんの前のてつですね。

最低限のキャラクターは保ったままですが、一般常識はちゃんとしているので無礼なことはしません。本書を執筆した「僕」に一番近いかもしれません。

スゲェ、厨二病こじらせた人みたい……。

何人も人格がいるみたいな表現は厨二病っぽくて気に入っていますが、正確に言うと「作ったキャラは不安定だから場面で決めごとを変えないといけない」ってことなんです。だから頭の中に何人もいて、その中から場面によって「ルール設定」された人格を呼び出してくるって感覚が一番近いんです。コントロールしているのは凡人のオッサンです。オン・オフだけじゃなくて、スイッチはいっぱいあるんですよ。スイッチの押し方は、そういうスイッチをイメージして、押す想像をするだけです。

あ、声が小さいのはごめんなさいね。

パチンコ屋の中で大声出すと、喉が痛いんですよ。収録がもう大変で大変で……。

Q

家族・お金以外で生きていくために絶対必要・大事にしてると思うものは何ですか？ また、なぜそう思うようになったのか？

ゆうっちゃん@yuchan_115

A

闘争心

負けん気って言ったほうが正しいかな……。

とにかく俺、「勝つこと」が好きなんですよ。そして負けることが嫌いです。何をやるにしても、勝たなきゃ意味がないし、勝ったヤツが正義だと思っている人間なので、常に勝つか負けるかの勝負をしていないと生きている気がしないんです。だから、生きていくために「俺に」絶対必要なのは闘争心だと思うんですよね。

よく「勝負事じゃないんだから何でもかんでも競わなくても……」みたいに言われたりしますが、俺のすべてのモチベーションは「勝つこと」なので、何でも競うんです。

いや、でもホント、ブログ書いていた時も動画作っている今も、所謂「トップ勢」と呼ばれる連中を数字でブチ抜いていくのは快感ですよ。「やってて良かった」と心底思うためには、勝たないといけないんですよね。ただ逆に、負けた時はそれこそ死ぬほど悔しいです。

勝った時の喜びは隠さないけど、負けた時の悔しさも隠しません。悔しくて悔しくて、悔しすぎる反動で「勝つまでやろう」と全力が出せます。

「勝てたらいいな」みたいな気持ちでやっている人たちとは次元の違う努力ができるし、結果的に自分に良い結果をもたらすんですよね。

我ながらストレスレベルの高い生き方だと思いますが、ストレスがないと生きていけない人間だからしょうがないです。

キッカケは何なんでしょうね……小さい頃からの負けず嫌いが、大人になって社会に出て、数字が生活に影響するようになって、変な方向に覚醒してしまった（こじらせてしまった）としか言えません。

「やられたらやり返す」「勝つまでやめない」という考え方の俺みたいな人間が対戦ゲームをやると、24時間ぶっ続けで気絶するまでやりますよ。

Q いつもJokerメイクをしてますがJokerの好きなところは?あとBATMANも好きなのか?

774(名無し)nanashi@nanashi66137356

A 好きではない

好きどころか、むしろ理解できないキャラクターです。

「僕」とは正反対のキャラクターというか、「僕」は常に何かしらの「目的」や「目標」を持って達成のために動くタイプですが、ジョーカーって目的がないんですよ。正確に言うと「ヒース・レジャー版ジョーカーには」というカッコ書きが付きますが。

「いったい何の得があるのか」って皆が思うことをするのがジョーカーというキャラクターで、そこがカッコいいんですよね。好きというか、憧れに近いのかな……。

「1GAMEのてつ」という「俺」のキャラクターをビジュアル化する際に、そういう「ワケのわからない存在」みたいなのを演出したくて選んだという背景もあります。

Q 生きてく上で必要なものを3つ挙げるならなんですか？

トッシー@NogainsSesu18

A 衣食住

これが必要最低限でしょ。

着るものがあって、食うものがあって、住む家がある。

これだけあれば、何だってできます。

この3つが揃っていることに有難みを感じられなければ、その先もない。

「ちょっと失敗しただけで潰れる人間になる」

そう思います。

日本みたいな恵まれた国に生まれたら、この3つを失うことなんてそうそうない。それがどれだけ幸せなことか……。

Q

1GAMEの代表であることと同時に演者であることで、ジレンマなど感じることはありますか？

A人@a4koma

A

メチャメチャあります

他の質問への回答でもありましたが、本来、司令塔であるべき俺が最前線でタレント活動をしていて、全体の数字の内、大きな割合を占めている状態は好ましくないんです。だから本当はもっとタレント業を減らして、プロデューサー業に専念しないといけないんですが、大人の世界はそう簡単にもいかないんですよね。

全体の数字を落とさないためには俺の収録は絶対条件。

そして収録依頼がこなせない分の埋め合わせやファン対応の分散目的でやっている、ゲストの仕事も減らしにくい。

そうなると独身でもない限り、ほとんど時間が取れないんです。

ただ、時間がないは言い訳にならないから、プロデューサーの仕事もしなきゃいけない。だから早いところ後輩を育成して数字をバトンタッチし、オッサンはタレント業を縮小してプロデューサー業に回りたいけど、その育成に時間を使えないという無限ループです。

一回、どこかのタイミングでタレント業をお休みしなければと思いながら、ズルズルと続けているのが現状です。

ただ、やり方を間違ったとは思っていません。

だって俺がタレントやってなかったら、今の状況はなかったワケですから。

問題は「これからどう改善していくか」であり、それは俺や1GAMEという組織にとって、大きな課題のひとつです。

成長するためには、この先、どこかで大きな決断が必要になるでしょう。

Q てつさんは同世代の友人知人で「こういうヤツは尊敬できる」とか逆に「こういうやつは軽蔑する」とかありますか？

ウメ@ume_bucha

A 筋を通せる人間かどうか

１ＧＡＭＥのミーティングで、よく「てつさんヤ〇ザ用語多いですよね」と言われるんですが、別に仁侠映画に影響されているとかそういうことではなく、道を極める系の人たちが好んで使う言葉は、社会人として生きていくためのすべてが詰まっていると思うんです。「筋」や「義理」や「面子《めんつ》」みたいな言葉を多く使うからそういう印象になるんでしょうけど、これ、メチャメチャ重要ですからね。

むしろ「筋を通す」って、人生で一番大事なことなんじゃないかと思っているくらいです。だから、俺が嫌いな人は筋を通せない人です。

義理を重んじない人も嫌いだし、面子を理解できない人も嫌いです。

「筋を通す」っていうのは、自分の中に絶対にブレない軸を持ち、首尾一貫させることであり、これができない人は信用できません。

筋を通せる人は、信用できるし尊敬できる。

「義理」っていうのは相互関係を維持するために不可欠なものであり、これを重んじない、軽んじる人は信用できません。

義理を大事にする人は、信用できるし尊敬できる。

「面子」っていうのは、「顔を立てる」とか「顔を潰す」的な、要は「顔」という意味で、これが理解できない人とは付き合えません。

自分と周囲の面子を重んじることができる人は、信用できるし尊敬できる。

こんな感じですかね。

まあ……「担当者が変わっても、前任者との約束はちゃんと守ってね」という内容を「代替わりしたからっつってテメェ、先代との盃が消えてなくなるワケじゃねえぞコラ」とかアウトレイジ風にふざけて言ったりするから、ヤ〇ザっぽいって言われるんでしょうし、ふざけているように聞こえないんでしょうね……。

Q 「もうパチスロやめよう」って思ったことはありませんか？ 何がてつさんを戦場へと突き動かしているのでしょうか。

ひかる隊長/PSトロファー@hikaru_taicho

A やめようと思ったことはないけど、やめたことはあります

大負けしてやめようと思ったことはないですね。

そもそも10代の頃は、パチスロは「勝つため」に打つものだったし、20代になって開発者になってからは生活の一部でしたから、仕事的な側面が大きかったんです。

ただ、一時期ですが完全にパチンコ・パチスロを打たなかった時期はあります。

20代で起業して、会社を立ち上げていた時です。

遊んでいる余裕なんて一切なくて、事業が軌道に乗るまでの間はパチンコ店に入るのはトイレを借りるかタバコを吸うためだけになっていました。

その時も、打とうという気は起きなかったんですよね。

度々言っていることですが、知らない人のために言うと、実は俺、5号機黎明期《れいめいき》のパチスロについて、あまり詳しくないんです。ブランクが大きいんですよ。

仕事に余裕ができてから余暇に打つようになった程度ですし、1GAMEに加入した時も「たまに行く」程度だったんです。むしろ興味があるのはパチスロ機の「中身」のほうで、自分が離れていた間に遊技機はどのように成長を遂げたのかが気になって、そっちの欲求を満たすために打ち始めたと言ったほうが正しいかもしれません。

5号機の規則は知っていたので、そこからの発展を学ぶのは楽しかったです。

前のほうにも書きましたが、そもそも俺、荒い機械よりもシンプルなノーマルタイプのほうが好きな人間ですし、勝つことを優先するタイプなので、パチスロに「ドップリ浸かる」という生き方はしていないんですよね。

むしろ、かなり距離を置いて接してきたというか……だから「戦場へと突き動かされている」という言い方は適切ではなく、「近代兵器に興味があるから、試しにぶっ放してみたくなる」といったほうが適切なんですよね。

「表現」としては適切ではないですね。ごめんなさい。

Q

カジノができた時、パチンコ屋はどう変わっているのか。パチンコ客はカジノに流れるのか。

ようぜん@グラブル、ＦＦ14 @youzen45

A

カジノの影響で変わることはない

以前から断言していますが、カジノができたからって客がそっちに流れてパチンコ店が困るという事態には「絶対に」陥りません。

ただし、カジノを作るまでの地均《じなら》し的な規制の影響で、業界全体が打撃を受けることはあるでしょう。今が正にそうですね。

そもそも、日本人はカジノに対して無知過ぎる。

俺はカジノなんて何度も行っているし、一時期はバカラにハマったりもしましたが、至った結論は「カジノ面白くねえからパチンコ・パチスロがいいや」です。

カジノとパチンコは、完全に別モノです。

そもそも、日本にカジノができるって言っても全国で数か所。リゾート施設を兼ねた施設にオッサンやオバハン、会社帰りのサラリーマンや学生の小僧が気軽に行けるかよって話ですし、カジノゲームなんてすぐ飽きます。

だから俺がカジノに行くのかという質問には「ノー」です。だって飽きたんだもん。

いや、そりゃバカラで2000ドルとか1発で張るとドキドキしますよ。ただなんかこう……楽しいっていうのとは違うんですよ。

リゾート気分も相まっての張りだし、そんな張りを日常的にできるかって言ったら無理です。チマチマ張っていたら、カジノゲームなんて1ミリも面白くないし。

パチンコ・パチスロは、カジノゲームとは完全に別路線で、独自の進化を遂げてきた遊技機なんです。似ているようで、魅力の質が違うんですよね。

だからカジノができたら客がそっちに流れるみたいな寝言を言っている人には「いいから一回、お前もカジノで遊んでみろよ。俺の言う意味がわかるから」と言っています。

「やりゃあわかる」

それしか言えません。

Q てつさん的な子育てのポリシーはどんなものがありますか？ またそれは今までのてつさんの人生から得た教訓だったりしますか？

ユウ@pep6YRSPPTCZxE

A 子供は俺じゃない

ポリシーなんていう偉そうなもんはありませんが、肝に銘じていることは「子供と俺は別の人間」ということくらいです。だから成人するまでは「やりたいことは全部やらせる」つもりでいますし、援助が必要であれば自分の何を犠牲にしてでも援助するつもりですが、成人したら放り出します。「後はテメェの力で生きろ」と。

子育てという意味では「一緒に過ごす時間を多く取り、コミュニケーションを多く取る」ということくらいで、それについては他の質問で回答しているので飛ばします。だからこの質問は、主に教育という意味で捉えて回答します。

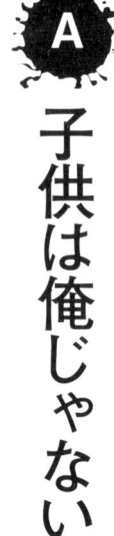

教育という意味で心掛けているのは「社会生活をする上で必要な道徳は叩き込むけど、自分の価値観は押し付けない」ということです。

たぶん、これは俺の死んだ親父の影響だと思います。

親父はそんなにできた人間ではありませんでしたし、弱いところも多い人間でしたが、自分の価値観を俺に押し付けたことは一度もなかったんです。

何かあっても「お前の好きにすりゃあいい」という、放任とも取れることを言う人でしたが、俺が18歳になるまでは学費も生活費も、キッチリ面倒を見てくれました。

18歳からは実家を出てひとり暮らしを始めましたが、下手に「ああしろこうしろ」言われずに育ったおかげか、何でも自分で決めて自分の力で解決する人間になれたと思います。

だから自分の子供に対しても、俺の価値観を押し付けるつもりはありません。

子供の人生は子供の人生であり、俺の人生じゃないんだから、「テメェの人生はテメェで決めて好きにすりゃあいい」。ただし、成人するまでは何もかも親の責任なんだから、面倒だけはキッチリ見るし、望みは全部叶える。

後は「誰がどう思おうが、死ぬまでも死んだ後も、俺はお前の味方だ」と伝えています。

これ、ポリシーって言うんですかね。

Q

僕はまだ6号機に一度も触れてません。たぶん触れた人の中で魅力を感じられなかったりして「もう触れない」っていう人もいるかと思います。そんな方へやる気にさせたりする超絶なひとことください。

愛し～人@ゴラァッ@MtdKFPxDBHV1li4

A

無理にやる気出す必要なんてない

魅力を感じない機械で無理に遊ぶ必要なんてないでしょ。楽しかったら継続して遊べばいいし、楽しくないなら遊ばなければいい。

自由。

とか言うと身も蓋もないから、それらしい回答を用意するなら……6号機って5号機の延長ではなく、まったく別の方向に進化すると思うんです。

今はまだ5号機と併設されているから魅力は伝わらないし、発展途上に見えるかもしれませんが、俺は割と、

「純増が速くてスパッと終わる」

というのが嫌いではありません。

今後、ノーマルタイプの亜種《あしゅ》みたいな、ほんのり荒くて短時間勝負できるような台が多く出てくると思いますよ。

長時間拘束する5号機とは方向性が全然違う台が。

おわりに

本書を執筆するにあたり、最初に悩んだのはキャラクターとしての「俺」として書くのか、中の人である「僕」として書くのかという2択でした。

僕の番組を観てくれている視聴者向けに書くのであれば、確実に前者のほうが面白くなったと思います。ただ、僕は最終的に後者を選びました。

理由はいくつもあるのですが、一番の理由としては、本書の執筆が僕の中でひとつの「ゴール」になると感じたことです。

1GAMEに加入して、かれこれ6年近く活動してきましたが、常に目の前のライバルに勝つことや数字を伸ばすことだけを考えていたため、ゴールがなかったのです。

もちろん組織としてのコンセプトはありますし、組織としてのゴールは設定しています。

ただ「僕」個人のゴールは一体どこにあるのだろう。

ひたすら突っ走ってきたけれども、僕はどこまでやれば満足なのだろう。

執筆のオファーをいただいて、初めて考えさせられたのです。

そして、考えた末に**「今ここがひとつのゴール地点だ」**という結論に至りました。

僕は本が好きで普段からよく読みますが、自分が本を執筆する日が来るなどとは、夢にも思いませんでした。ではその、夢にも思わなかったことが実現したのは、一体何のおかげか。**1GAMEの活動をここまで続けてきたおかげです。**

自分が本を書いて、その本が書店に並ぶ。

これがゴールでなくて、一体何がゴールなのだろうと思いました。

そしてせっかくゴールしたのだから、今まで一度も表舞台に立たせたことのない「僕」を、一度くらい人前に出してやろう……いや、出てみようと思ったのです。

しかしこれは、なかなかに勇気のいることです。

バットマンが「実は俺、会社の社長なんだ」「開発部でバットモービル作ってたんだよね」「今までこんな苦労があったんだけど頑張ってきたよ」と、ゴッサムシティの市民に対して語り出すようなものですから。

「急にどうしたんだ、お前」となるでしょう。

まあ、僕はその敵役のメイクなんですけど。

というようなことを、今回オファーをくれたワニブックスの岩尾さんに相談したところ、「てつさんが好きなように書けば良いと思います」と、すんなりGOが出ました。

1GAMEのてつとして書いても、中の人として書いても、どちらにしても面白くなると思うから大丈夫ですよと背中を押してもらったので、これはもうやるしかありません。基本は「中の人」として執筆し、Q&Aの章だけはファンサービス的な意味合いも込めて、Twitterで質問を募集し、いつものキャラクターで行くことに決まりました。

さっそく執筆に取りかかりましたが、もうこれが予想の遥か上を行く難易度です。

文章を書くのって、こんなに難しいことだったっけ？

何年もブログ記事を執筆してきたので、文章を書くことには慣れているほうだと思っていたのですが、ブログと本では世界が違うということを思い知らされました。

ブログはやり直しができます。気に入らない内容があれば、後からいくらでも修正できるし、削除して取り消すことも可能です。

しかし出版した書籍となると、そういうワケにはいきません。

とんでもないプレッシャーで、筆が止まるのです。

やはり僕は、根っからの小心者なのだなと痛感しました。

そして何より、今回はキャラクターではなく「生身の僕」として書かなければならない。

今まではすべて「キャラクター」というフィルターを通して情報を発信し、生身の僕は台本を書いて「俺」に指示を出すだけという、ある意味で気楽な立場でしたが、今回は違う。執筆作業を始めて、事の重大さに気付いたのです。

そして問題はそれだけではありませんでした。

ロケやゲストの仕事で全国を飛び回りながらの執筆というものを経験したことがなかったので、執筆時間の確保が予想以上に困難だったのです。

収録の前日にホテル入りし、翌日の収録用にネタをまとめ、キャラクターとしての仕事を終えた後で頭を切り替えて「僕」として原稿を書く。

収録が終わり、ヘトヘトの状態で自宅に戻り、子供が寝た後にリビングで書く。

執筆スピードは当初予定していたものより遥かに遅く、これでは確実に締め切りに間に合わないと判断し、急遽マネージャーにスケジュールを調整してもらいました。

仕事をしながらだと頭の切り替えがあまりにも難しい。メンバーには申し訳ないけれども、1か月だけ仕事の量を半分にしてもらったのです。

ここで一気にスピードアップして間に合わせよう。これで間に合うハズだと。

しかし、ピンポイントで妻がインフルエンザにかかりました。この期間だけは育児を完全に任せて、執筆に没頭するという予定がパーになりました。

いやまだ大丈夫。まだ慌てるような時間じゃない。妻が完治したら、すぐに作業に取り掛かり、予定のスピードの2倍で書けば良いのだ。

そして数日後、息子がインフルエンザにかかりました。

全員が完治する頃には、また怒涛のスケジュールが始まる。

完全に詰んだと思いました。

担当の岩尾さんにLINEで進捗《しんちょく》報告するのが怖くて、Twitterで遠回しに「遅れていますアピール」をして反応を待つなどという、ヘタレ行動までしましたからね。

すべて書き終わった今だから言えることですが、この時点での進捗率は50％に満たなかったと思います。半分も書き終えていませんでした。

執筆予定期間の9割が、すでに経過していたというのに。

「締め切りに追われる漫画家さんや作家さんって、こういう気分なのかな」

「ある意味で貴重な体験ができているな」

などという、現実逃避的なことまで考え始めました。

しかし、いくら現実から逃げようとしてもロケのスケジュールは変わりませんし、執筆の締め切りは刻一刻と迫ってきます。

ここに来て、ついに僕は覚醒しました。

ケツに火が点いたとも言います。

ホテル滞在中は風呂に入る時間以外のすべて、新幹線での移動時間もすべて執筆に充て、妻に協力してもらい、自宅に滞在している日は子供の風呂を済ませたら、近所のファミレスに移動し、深夜まで執筆しました。

ファミレスの店員さんに「いつもありがとうございます」と言われるようになった頃には、何とか原稿の第一弾を仕上げることができました。

そして今、この「おわりに」もロケ先に向かう新幹線の中で書いています。

隣ではストロングゼロを飲んだオッサンが幸せそうに寝ています。

これを書き終えたら、僕も隣のオッサンのように居眠りできるのかなと思うと、何か楽しい気持ちになってきました。

担当の岩尾さんからは「どなたも『おわりに』を書いている時はウィニングランの気分になるそうですよ」と聞いていましたが、**時速285キロのウィニングランです。**

本当にこの数か月は苦しかった。

いろいろな著名人の本を読んできましたが、執筆の工程を考えたことは一度もありませんでした。

「みんな一体どうやって書いたのだろう」

と、今は不思議に思います。

忙しいのは誰でも同じでしょうし、ギッシリと詰まったスケジュールの合間に書いているのも同じだと思います。内容を読んで「凄いなあ」と思うことはあっても、書いたこと自体を凄いと思ったのは初めてです。

人間、何でも経験してみるものだと思いました。

これからは本を読む時に、今までとはまた違った読み方ができそうです。

今回の執筆は本当に初めてだらけのことで、今までにない苦しみも味わいましたし、今までにない達成感も味わうことができました。

書き終えただけでこれだけの達成感があるのですから、発売された時の達成感は想像以上のものとなるでしょう。解放感も。

作業的な意味での達成感もありますが、**何より大きい達成感は「初めて自分を出した」ということです**。書籍の執筆も初めてですが、自分を出すのも初めてですから。

これで本当のゴールを迎えることができます。

そして実は先程、**本書の推薦文をブラックマヨネーズの吉田敬さんが書いてくれることになったという連絡を受けました。**

テレビで漫才を観て、笑い転げていたあの吉田さんですよ。パチンコ番組にも出演されていて、「どうやったらこんな面白いコメントができるのだろう」と、自分のボキャブラリーの貧困さを痛感させられた、あの吉田さんですよ。

本気で耳を疑いましたが、どうやら本当のことだそうです。

しかも書き終えた本編をすべて読んだ上で、「凄いなこの本（中略）今後の人生が変わる程だ！」という言葉までいただけたそうで、ちょっと現実感を喪失気味です。

「凄いな」という感想をもらえることがこれほど嬉しいことだと思ったことはありません。

ただ、これは吉田さんに言ってもらえたからということだけではないでしょう。

自分の言葉で発信したものを褒めてもらったのが、初めてだからだと思います。

ブログの記事も、ＹｏｕＴｕｂｅの動画も、多くの人に褒めてもらいましたが、その時の感情は「嬉しい」というよりも「上手くいった」というものでした。

早々に自分とキャラクターを分離してしまったせいで、真に自分が褒められるということがなかったのです。

「嬉しい」と感じるのは、数字的な目標を達成した時だけでした。それ以外はすべて、想定したことが「上手くいった」と思うだけだったのです。

1GAMEの活動は誰かに褒められようとしてやってきたことではありませんし、自分は褒められることに大して興味のない人間だと思っていましたが、人間、自分を出して褒められると嬉しいものなのですね。自分でも驚いています。

今思えば、担当の岩尾さんも上手かったと思います。

執筆期間中、散々褒めてくれました。あまりにもたくさん褒めてくれるので、こんな豚でも木に登ることができたのだと思います。変な意味ではありませんよ。

もしかしたら、逆でも良かったのかもしれません。

自分を出して、ボロクソにダメ出しをされても同じ効果があったと思います。僕の本性は究極の負けず嫌いですから。

そういった感情を思い出せたという意味で、本書の執筆は自分にとってひとつのゴールであると同時に、新たなゴールに向けて走り出すための大きな経験になったと思います。

こんな未曾有《みぞう》のチャンスをくれたワニブックス岩尾さんには感謝しかありませんし、推薦文を書いていただいたブラックマヨネーズ吉田さんにも感謝の気持ちでいっぱいです。

厳しいスケジュールの合間に僕をサポートしてくれた妻にも感謝しています。

そして、本書を手に取っていただいたすべての方に感謝します。

どんな感想をいただいたとしても、それは僕が今までに経験したことのない真の意味での感想であり、僕にとっては今までで一番価値のあるものです。

本当にありがとうございます。

最後に。

僕が一番感謝しているのは、1GAMEのメンバーです。

僕を信じてついてきてくれたおかげで、こんなにいろいろな新しい経験ができるようになったし、これからも共に戦っていろいろなことを実現していくことでしょう。

普段は照れくさくて感謝の気持ちなんて言えませんが、こういう時くらい良いでしょう。

っていうか、どうせお前らこんなところまで読まないだろ。

ありがとうな。

2019年3月吉日
てつ

てつ 1GAME代表／ユーチューバー

ユーザー、ファン自身の力でパチンコ・パチスロ業界を盛り上げようという集団『1GAME（ワンゲーム）』の代表。自身が動画に出演する『妖回胴中記』は瞬く間に人気コンテンツに。また並行してさまざまな企画・プロデュースも行う。生年月日、年齢、出身地などは不詳だが、家族ファーストの良きパパ。

〔YouTube〕
1GAMETV パチンコパチスロ実践動画

〔1GAME 公式HP〕
http://slot-1game.com/

〔Twitter〕
てつ@1GAME【妖回胴中記】@tetsu0722

パチスロ馬鹿が
動画配信を始めたら
再生回数が1億回を超えました

著者　てつ（1GAME代表／ユーチューバー）

2019年4月1日　初版発行

装丁　森田直／積田野麦（FROG KING STUDIO）
撮影　芹澤裕介
校正　玄冬書林
構成　若林優子
編集　岩尾雅彦／中野賢也（ワニブックス）

発行者　横内正昭
編集人　青柳有紀
発行所　株式会社ワニブックス
〒150-8482
東京都渋谷区恵比寿4-4-9えびす大黒ビル
電話　03-5449-2711（代表）
03-5449-2716（編集部）
ワニブックス HP　http://www.wani.co.jp/
WANI BOOKOUT　http://www.wanibookout.com/

印刷所　株式会社 美松堂
DTP　株式会社 三協美術
製本所　ナショナル製本

ISBN 978-4-8470-9748-5